遗传学实验教程

王建波 方呈祥 鄢慧民 章志宏 编

内 容 提 要

遗传学是一门实验性学科,实验操作在教学中起着重要作用。根据遗传学教学内容和要求,本书选择编写了 49 个实验项目,涵盖经典遗传学,如关于模式动物果蝇的多项实验等;细胞遗传学,如减数分裂中染色体行为的观察、动植物有丝分裂染色体标本制备等;微生物遗传学,如细菌的诱发突变、转化、转导等;分子遗传学,如细胞核及细胞器 DNA 的提取、利用分子标记分析植物的遗传多样性等领域。

本书可作为综合性大学、师范院校、农林院校、医学院校等生命科学领域本科生遗传学实验教材。

前　言

自 1900 年孟德尔定律被重新发现以来，遗传学取得了很大的发展，阐明了许多遗传学现象和规律，特别是进入 21 世纪之后，线虫、果蝇、拟南芥、水稻等动植物与人类基因组计划的初步完成，更加突现出遗传学在生命科学中的核心与前沿学科地位。遗传学的迅速发展也对遗传学理论和实验教学工作提出了更高的要求，为了适应学科发展趋势，国内部分专家已编写出版了若干部遗传学教材，并在教学工作中广泛应用，但根据遗传学进展编写的实验方面的教材仍较缺乏。

众所周知，遗传学与生命科学其他分支学科一样，是一门实验性的学科。遗传学本身的发展离不开大量设计周密的实验研究，同样，遗传学教学中也必须重视实验教学环节。通过实验教学，不仅可以使学生加深对遗传学现象和规律的认识，还可以培养学生进行遗传学及相关学科研究工作的能力，这也正是我们编写这本实验教材的目的。

根据遗传学教学内容和要求，并考虑国内高等学校的实验教学条件，我们选择编写了 49 项实验内容，涵盖经典遗传学、细胞遗传学、微生物遗传学及分子遗传学等领域，既有验证性实验，使学生从个体形态、细胞、染色体到分子水平，逐渐加深对遗传学知识的理解，也有综合性、探索性实验，使学生了解遗传学不同层次水平研究工作的方法和技术，培养他们的思维和动手能力，各学校可根据教学内容和实验条件选择完成书中的实验项目。

本书的编写与出版得到武汉大学教务部和出版社的大力支持，被列为武汉大学"十五"规划教材。编写过程中参阅了国内外部分遗传学教材和有关实验技术指导，在此向这些著作的作（译）者表示衷心的感谢，同时感谢宋文贞、周云珍、沈小玲同志在实验设计与实施过程中的大力协助。

遗传学实验技术发展很快，新的研究方法与技术不断涌现，加之编者知识水平有限，书中遗漏和错误之处在所难免，热情欢迎读者不吝批评指正，以便在今后进行修订。

编　者
2004 年 1 月

目 录

实验 1	果蝇遗传性状的观察	1
实验 2	果蝇的单因子杂交	6
实验 3	果蝇的两对因子杂交	9
实验 4	果蝇的伴性遗传	11
实验 5	果蝇的三点测交与遗传作图	14
实验 6	果蝇 X 染色体隐性突变的检出	18
实验 7	环境对果蝇基因表达的效应	21
实验 8	果蝇数量性状的遗传分析	24
实验 9	果蝇唾液腺染色体制片	29
实验 10	小鼠骨髓细胞有丝分裂染色体制片	33
实验 11	人外周血淋巴细胞的培养及染色体制片	35
实验 12	人类细胞中巴氏小体的观察	38
实验 13	人类染色体组型分析	40
实验 14	植物有丝分裂染色体压片技术	43
实验 15	去壁低渗法制备植物染色体标本	45
实验 16	植物染色体组型分析	47
实验 17	植物多倍体的人工诱导	50
实验 18	植物原生质体的分离和培养	53
实验 19	植物细胞微核检测技术	56
实验 20	减数分裂的观察	59
实验 21	粗糙脉胞菌顺序四分子分析	64
实验 22	紫外线对枯草芽孢杆菌的诱变效应	68
实验 23	亚硝基胍的诱变作用与营养缺陷型菌株的筛选	71
实验 24	细菌的接合作用与基因转移	77
实验 25	大肠杆菌质粒 DNA 的转化	80
实验 26	P_1 噬菌体的普遍性转导	83
实验 27	λ 噬菌体的局限性转导	87
实验 28	酵母菌原生质体的融合	90
实验 29	细菌质粒 DNA 的大量制备	93
实验 30	快速少量提取质粒 DNA 的改良方法——TENS 法	96
实验 31	λDNA 的制备与纯化	98
实验 32	并发转导与基因定位——三点杂交	101

实验 33	细菌接合与基因定位——中断杂交	104
实验 34	缺失定位——基因精细结构分析	107
实验 35	λ噬菌体 DNA 限制性内切酶图谱分析	111
实验 36	基因互补测验	115
实验 37	动物基因组总 DNA 的分离	118
实验 38	植物基因组总 DNA 的分离——CTAB 法	121
实验 39	植物基因组总 DNA 的分离——CTAB 微量法	123
实验 40	植物基因组总 DNA 的分离——SDS 法	125
实验 41	DNA 纯度、浓度及分子量的检测	127
实验 42	植物细胞线粒体 DNA 的提取	130
实验 43	植物细胞叶绿体 DNA 的分离纯化	133
实验 44	真核生物基因组 DNA 的限制性内切酶反应	136
实验 45	DNA 的琼脂糖凝胶电泳及向尼龙膜的转移	138
实验 46	DNA 探针的非同位素标记	141
实验 47	探针与尼龙膜上 DNA 的 Southern 杂交	144
实验 48	随机扩增多态性 DNA 分析	147
实验 49	植物细胞总 RNA 的分离	151
附录 1	果蝇培养基的配制	154
附录 2	染液的配制	155
附录 3	菌种名录	156
附录 4	细菌培养基的配制	157
附录 5	粗糙脉胞菌培养基的配制	160
参考文献		162

实验 1　果蝇遗传性状的观察

果蝇是在世界各地常见的昆虫，属于昆虫纲，双翅目，果蝇科，果蝇属。果蝇属（*Drosophila*）有 3 000 多种，我国已发现 800 多种，遗传学研究中通常用的是黑腹果蝇（*D. melanogaster*）。作为遗传学研究的材料，果蝇具有非常突出的优点。它形体小，生长迅速，繁殖率高，饲养方便；世代周期短（约 12d 即可繁殖一代）；突变性状多；染色体数目少，基因组小；实验处理十分方便，容易重复实验，便于观察和分析。果蝇的遗传学研究广泛而深入，尤其在基因分离、连锁、互换等方面十分突出，为遗传学的发展作出了突出的贡献。目前果蝇仍然是遗传学、细胞生物学、分子生物学、发育生物学等研究中常用的模式动物。

一、实验目的

1. 掌握果蝇的基本特征及鉴别雌、雄果蝇的方法，熟悉常见突变型。
2. 了解果蝇生活周期特征及各阶段的形态变化。

二、实验材料

野生型和几种常见的突变型黑腹果蝇（*Drosophila melanogaster*）。

三、仪器设备

双筒立体解剖镜，培养瓶（粗平底试管或牛奶瓶）及麻醉瓶（与培养瓶一致的空瓶），白瓷板，毛笔。

四、药品试剂

乙醚，玉米粉，酵母粉，蔗糖，丙酸。

五、实验内容和步骤

（一）生活周期的观察

果蝇是完全变态昆虫，其完整的生活周期可分为 4 个明显的时期，即卵、幼虫、蛹和成虫（图 1-1）。用放大镜从培养瓶外即可观察到这四个时期，也可取出用立体解剖镜仔细观察。

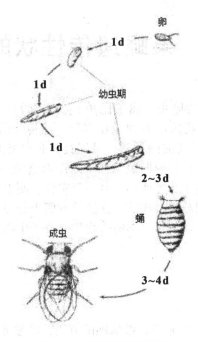

图 1-1 果蝇的生活周期

果蝇的生活周期长短与温度关系很密切，低温使生活周期延长，生活力减低，高于 30℃使果蝇不育甚至死亡。果蝇培养的最适温度为 20~25℃，25℃培养条件下果蝇从受精卵到成虫约 10d，其中卵和幼虫期 5d，蛹 4d。成虫果蝇在 25℃时约成活 15d。

卵：受精卵白色，椭圆形，腹面稍扁平，长约 0.5mm，在前端背面伸出一触丝，它能使卵附着在食物上。

幼虫：受精卵经 24h 就可孵化成幼虫，幼虫经两次蜕皮到第三龄期体长可达 4~5mm。肉眼观察可见幼虫一端稍尖为头部，上有一黑色钩状口器。

蛹：幼虫 4d 左右即开始化蛹。化蛹前三龄幼虫停止摄食，爬到相对干燥的表面（如培养瓶壁），渐次形成一个菱形的蛹，起初颜色淡黄、柔软，以后逐渐硬化变成深褐色，此时即将羽化。

成虫：刚从蛹壳中羽化出来的果蝇，虫体较肥大，翅还未展开，体表也未完全几丁质化，所以呈半透明的乳白色。透过腹部体壁还可以观察到消化道和性腺。约 1h 后蝇体即变为粗短椭圆形，双翅伸展，体色加深，如野生型果蝇初为浅灰，后变成灰褐色。

成虫果蝇自羽化后 8h 即可交配。雄果蝇的精子可贮存于雌果蝇的受精囊，以后逐渐释放到输卵管。雌蝇 2d 后即开始产卵。最初几天每天可产 50~70 个，随后逐渐减少。

（二）果蝇的形态特征和常见的突变类型

1. 果蝇雌雄性别的鉴别

雌雄成蝇在一些形态结构上的区别很明显，可以通过放大镜或直接观察进行鉴别。只有雄性果蝇在腹尖下侧具可识别的外生殖器，但是太微小，难以直接观察辨认。通常在分辨雌雄果蝇时，综合各种形态特征进行观察确定（参见表1-1，图1-2）。

表 1-1　　　　　　　　　　　雌雄果蝇的形态特征比较

	雌果蝇	雄果蝇
大小	大	小
形态	腹部宽厚呈卵圆状，腹端稍尖	腹部相对窄小呈柱状，腹部呈钝圆形
颜色	腹部背面外观呈宽度相近的5条黑色条纹	腹背只能看到3条条纹，上部两条窄一些，后一条宽且延伸至腹面，呈一明显黑斑
性梳	无性梳	在第一对足的跗节基部有一黑色鬃毛结构，形似一小梳，即性梳

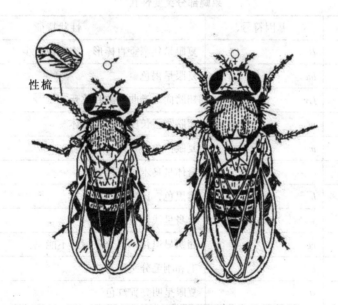

图 1-2　雄性和雌性成虫果蝇的形态学特征

2. 一些常见的突变性状

果蝇的突变性状很多，已知的达几百种，并且随着研究的深入会发现或诱变产生更多的突变性状。果蝇的许多突变都是明显而稳定的，而且大多是形态变异，容易观察。图1-3和表1-2列出若干常见的突变性状及其基因符号等，以供参考。

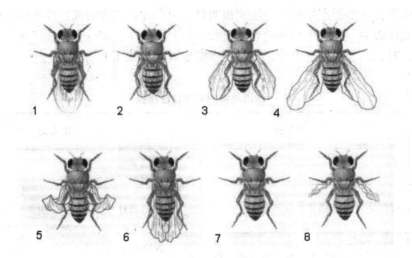

图 1-3　野生型果蝇及几种翅膀突变体
1. 野生型；2. 短圆翅（dp）；3. 叶状翅（D）；4. 弯曲翅（c）；5. 卷曲翅（cu）；6. 扇贝状翅（sd）；7. 无翅（ap）；8. 残翅（vg）

表 1-2　　　　　　　　　　　　　　果蝇部分突变性状

突变性状	基因符号	性状特征
棒眼（Bar）	B	复眼呈狭窄垂直棒形，小眼数目少
褐眼（brown）	bw	复眼呈褐色
卷曲翅（curly）	Cy	翅膀向上卷曲，纯和致死
小翅（miniature）	m	翅膀小，长度不超过身体
白眼（white）	w	复眼白色
黑檀体（ebony）	e	身体呈乌木色，黑亮
黑体（black）	b	体黑色，比黑檀体深
黄体（yellow）	y	全身呈浅橙黄色
残翅（vestigial）	vg	翅明显退化，部分残留，不能飞
叉毛（forked）	f	毛和刚毛分叉且弯曲
猩红眼（scarlet）	st	复眼呈明亮猩红色
墨色眼（sepia）	se	羽化时复眼呈褐色并深化成墨色
无毛（Hairless）	H	身体上缺刚毛
弯翅（curved）	c	翅膀弯曲
无翅（apterous）	ap	缺翅膀

注：显性基因：符号大写；隐性基因：符号小写。

（三）果蝇麻醉方法

对果蝇进行麻醉处理，是进行性状观察或杂交的必需步骤。麻醉程度是实验成功与否的关键步骤，麻醉不够，果蝇就会飞掉，麻醉过头又会杀死果蝇。用于麻醉的瓶子可用与培养瓶一样的瓶子，麻醉瓶要配上棉塞或软木塞。倒瓶麻醉的操作步骤如下：

1. 轻摇或轻拍培养瓶使果蝇落于培养瓶底部。
2. 右手两指取下培养瓶塞，迅速将麻醉瓶口与培养瓶口对接严密。
3. 左手握紧两瓶接口处，倒转使培养瓶在上。
4. 紧握两瓶接口，使两瓶稍倾斜，右手轻拍培养瓶将果蝇震落到麻醉瓶中。注意不要将培养瓶中的培养基倒入麻醉瓶。如培养基已变得太稀而易掉落，可采用麻醉瓶在上，而用黑纸或双手遮住培养瓶，使果蝇趋光自动飞入培养瓶中。
5. 当果蝇进入麻醉瓶后，迅速分开，将两瓶各自盖好。再将麻醉瓶的果蝇拍到瓶底，迅速拔出塞子，在塞子上滴上几滴乙醚，重新塞上麻醉瓶。
6. 观察麻醉瓶中的果蝇。约半分钟后果蝇便不再爬动。转动瓶子，果蝇在瓶壁上站不稳，麻醉完成，即可倒在白瓷板上进行观察。因麻醉过度被杀死的果蝇翅膀外展，与身体呈45°角。
7. 果蝇麻醉状态通常可维持5~10min。如果观察中苏醒过来，可进行补救麻醉，即用一平皿，内贴一带乙醚的滤纸条，罩住果蝇形成一临时麻醉小室。

六、实验结果

1. 熟悉野生型和常见突变型果蝇的形态学特征。
2. 根据实验中介绍的方法，描述自己所观察到的果蝇雌雄个体的形态学特征。

七、思考题

1. 果蝇作为遗传学模式材料的优点有哪些？
2. 仔细观察果蝇形态，列出雌雄果蝇的各种形态差别。

实验 2　果蝇的单因子杂交

　　根据孟德尔的颗粒遗传学理论，基因是一个独立的结构与功能单位，在杂合状态时不发生混淆，完整地从一代传递到下一代，由该基因的显隐性决定其在下一代的性状表现。单因子杂交是指一对等位基因间的杂交。孟德尔第一定律指出，一对杂合状态的等位基因保持相对的独立性，其自交后代中表型分离比为 3∶1。本实验将观察果蝇单因子杂交后代的表型及其分离情况。

一、实验目的

1. 通过实验深刻理解孟德尔分离定律。
2. 学习遗传学实验结果记录及统计处理方法。

二、实验材料

　　黑腹果蝇（*Drosophila melanogaster*）的两个品系：
　　　　野生型：长翅果蝇（+/+）
　　　　突变型：残翅果蝇（vg/vg）
　　野生型果蝇的双翅为长翅（+/+），翅长超过尾部。残翅果蝇（vg/vg）的双翅几乎没有，只留少量残痕，无飞翔能力。

三、仪器设备

　　立体解剖镜，恒温培养箱，天平，培养瓶及麻醉瓶，毛笔及白瓷板。

四、药品试剂

　　乙醚，玉米粉，琼脂，红糖，酵母粉，丙酸。

五、实验步骤

　　1. 交配方式：用纯系残翅果蝇（雌）与长翅果蝇（雄）交配，此为正交实验；反交实验以长翅果蝇为母本，残翅果蝇为父本，由此得 F_1 代。F_1 代雌雄个体相互交配，F_2 代出现性状分离，如下图所示。

```
   P              残翅(♀) × (长翅(♂)
                  +/+     ↓  vg/vg
   F₁                 长翅(♀、♂)
                        +/vg
                         ↓
   F₂                 长翅、残翅
```

上图为正交实验结果，同学们可自己列出反交实验过程。

2. 选野生型和残翅果蝇为亲本。雌蝇一定要选处女蝇，可在实验前 2~3d 陆续收集，雌雄个体分开培养，数目多少根据需要而定。

3. 首先把残翅处女蝇倒出麻醉，挑 5 只移到水平放置的杂交瓶中，再把长翅倒出麻醉，挑选 5 只雄蝇，移到上述杂交瓶中。等杂交亲本在杂交瓶中全部苏醒后，将杂交瓶直立，并移入 25℃ 温箱中培养。同时，按上述操作进行反交实验接种培养。注意按下述方式贴好标签：

```
          正  交
    P：  +/+ × vg/vg
         (♀)    (♂)

    杂交日期：

    实验者姓名：
```

4. 7d 后，释放杂交亲本。

5. 再过 4~5d，F_1 成蝇开始出现，观察 F_1 翅膀，连续检查 2~3d，或在释放亲本 7d 后集中观察。

6. 选取正、反交各 5 对 F_1 雌雄果蝇，分别移入一新培养瓶（这里不需用处女蝇），置 25℃ 温箱中培养。

7. 7d 后，释放 F_1 亲本。

8. 再过 4~5d，F_2 成蝇出现，开始观察。可连续统计 7~8d。被统计过的果蝇倒入水槽冲掉。

六、实验结果

1. 观察并统计正、反交 F_1 代的表型及个体数，比较正、反交实验结果，分析基因间的显隐性关系。

2. 观察并统计正、反交 F_2 代的表型及各种表型的个体数，计算不同表型个体数的比例，比较正、反交实验结果。

3. 根据你的结果，对该实验 F_2 代的统计结果作 X_2 测验。数据填入下表：

	野生型（正、反交合并）	突变型（正、反交合并）	总计
实验观察数（O）			
预期数（E）			
偏差（O-E）			
$\frac{(O-E)^2}{E}$			

自由度 = n-1

$X^2 = \sum (O-E)^2/E =$

查 X^2 表，进行差异显著水平检验，确定假说的有效性。

七、思考题

1. 杂交实验中为什么亲本雌蝇要选用处女蝇？
2. 在进行杂交和 F_1 自交后一定时间为什么要释放杂交亲本？
3. 分析你的实验结果是否符合孟德尔分离定律？

实验3 果蝇的两对因子杂交

位于非同源染色体上的两对等位基因，其杂合体在形成配子时，等位基因间必然按分离定律分离进入不同的配子，而非等位基因间则可自由组合进入同一配子，这样分配的结果就是：产生4种基因型的配子，且每种类型产生的概率相等。在杂合体自交产生的F_2代中就表现出9种基因型，若显性完全，就表现出4种表现型，且表型比为9∶3∶3∶1，这就是基因自由组合定律。

果蝇的灰体（E）与黑檀体（e）为一对相对性状，决定这对性状的基因位于第Ⅲ染色体上；长翅（Vg）与残翅（vg）为另一对相对性状，决定这对性状的基因位于第Ⅱ染色体上。本实验将探讨这两对性状的遗传规律。

一、实验目的

1. 学习果蝇两对因子杂交实验的原理和方法。
2. 探索果蝇若干性状的遗传规律。

二、实验材料

黑腹果蝇（*Drosophila melanogaster*）的两个品系：
  灰体残翅（*EEvgvg*）
  黑檀体长翅（*eeVgVg*）

三、仪器设备

立体解剖镜，恒温培养箱，天平，培养瓶及麻醉瓶，毛笔及白瓷板。

四、药品试剂

乙醚，玉米粉，琼脂，红糖，酵母粉，丙酸。

五、实验步骤

1. 选灰体残翅果蝇为母本，黑檀体长翅为父本（反交也可，但因残翅果蝇不能飞，只能爬行，用做母本比较好）。雌蝇一定要选处女蝇，可在实验前2~3d陆续收集，雌、雄个体分开培养，数目多少根据需要而定。

2. 首先把灰体残翅处女蝇倒出麻醉，挑 5 只移到水平放置的杂交瓶中，再把黑檀体长翅倒出麻醉，挑选 5 只雄蝇，移到上述杂交瓶中。等杂交亲本在杂交瓶中全部苏醒后，将杂交瓶直立，并移入 25℃ 温箱中培养。注意贴好标签（写明亲本基因型、交配方式、杂交日期、实验者姓名）。

3. 7d 后，释放杂交亲本。

4. 再过 4~5d，F_1 成蝇开始出现，观察 F_1 性状，连续检查 2~3d，或在释放亲本 7d 后集中观察。

5. 选取 5~10 对 F_1 雌、雄果蝇，移入一新培养瓶（这里不需用处女蝇），置 25℃ 温箱中培养。

6. 7d 后，释放 F_1 亲本。

7. 再过 4~5d，F_2 成蝇出现，开始观察。可连续统计 7~8d。被统计过的果蝇倒入水槽冲掉。

六、实验结果

1. 观察并统计 F_1 代的表型及个体数，分析相对性状间的显隐性关系。

2. 观察并统计 F_2 代的表型及各种表型的个体数，特别要注意新性状组合个体的出现。计算不同表型个体数的比例，确定这两对基因的遗传规律。

七、思考题

1. 基因间发生自由组合的前提是什么？
2. 如何判断两个基因是连锁遗传还是自由组合？

实验 4　果蝇的伴性遗传

位于性染色体上的基因的遗传方式与位于常染色体上的基因有一定差别，它在亲代与子代之间的传递方式与雌雄性别有关，这种遗传方式就称为伴性遗传。果蝇的性别决定类型是 XY 型，具有 X 和 Y 两种性染色体，雌性是 XX，为同配性别；雄性是 XY，为异配性别。伴性基因主要位于 X 染色体上，而 Y 染色体上没有相应的等位基因，所以这类遗传也叫 X 连锁遗传。本实验将观察果蝇 X 染色体上红眼基因的伴性遗传规律。

一、实验目的

了解伴性遗传并认识果蝇伴性遗传特点。

二、实验材料

黑腹果蝇（*Drosophila melanogaster*）品系：
　　野生型（红眼）：X^+X^+（♀），X^+Y（♂）
　　突变型（白眼）：X^wX^w（♀），X^wY（♂）
红眼、白眼基因位于 X 染色体上。

三、仪器设备

立体解剖镜，恒温培养箱，天平，培养瓶及麻醉瓶，毛笔及白瓷板。

四、药品试剂

乙醚，玉米粉，琼脂，红糖，酵母粉，丙酸。

五、实验说明

1. 交配方式

A：野生型♀×突变型♂　　　　B：突变型♀×野生型♂

P　X^+X^+　　X^wY　　　　X^wX^w　　　　X^+Y

　　　↓　　　　　　　　　　　　↓

F_1　X^+X^w　　X^+Y　　　　X^+X^w　　　　X^wY

	↓⊗		↓⊗	
F_2 X^+X^+	X^+X^w	X^+X^w	X^wX^w	
X^+Y	X^wY	X^+Y	X^wY	

表型　雌：野生型　　　　　　　　　　雌：1/2 野生型，1/2 突变型
　　　雄：1/2 野生型，1/2 突变型　　　雄：1/2 野生型，1/2 突变型

由上图所示遗传过程可见，正交和反交后代（F_1、F_2）性状表现是不一样的，而常染色体性状遗传正反交所得子代雌雄性状表现相同（参见实验2），所以正反交后代雌雄性状表现是区分伴性遗传和常染色体遗传的一个重要特征。另外，从染色体的传递可以看出，子代雄性个体的 X 染色体均来自母本，而父本的 X 染色体总传递给子代雌性个体，X 染色体的这种遗传方式叫做交叉遗传。由此可见，X 染色体上的基因也以这种方式遗传，这是伴性遗传的又一特征。

在进行伴性遗传实验时，也会出现例外个体，即在 B 杂交组合，F_1 代中出现不应该出现的雌性白眼，这是由于两条 X 染色体不分离造成的，不过这种情况极为罕见，约几千个个体中才有一个。

六、实验步骤

1. 收集处女蝇：在做杂交前 8h 将培养好的实验材料原有成蝇倒净。此后孵化出的雌蝇即为处女蝇。如收集后不立即做杂交，可将收集的雌雄果蝇分开培养，备用。

2. 准备好培养基，按正、反交组合，把已麻醉的亲本果蝇按杂交要求进行杂交，每管接入 5 对果蝇，贴好标签，置 25℃ 温箱培养。标签形式如下：

```
┌─────────────────┐    ┌─────────────────┐
│ A 组合          │    │ B 组合          │
│   X⁺X⁺×X^W Y    │    │   X^W X^W×X⁺Y   │
│ 日期：          │    │ 日期：          │
│ 姓名：          │    │ 姓名：          │
└─────────────────┘    └─────────────────┘
```

3. 7d 后，F_1 幼虫出现，释放亲本果蝇（一定要释放干净）。

4. 再过 3~4d，观察 F_1 成虫性状（注意正反交的差别，考察眼色和性别的关系）。

5. 所出现的 F_1 雌雄果蝇麻醉后，挑 5 对果蝇接入新的培养基继续培养（此处无需用处女蝇，为什么？）。两种组合的 F_1 个体不能混合，应分别培养。

6. 7d 后释放干净 F_1 代亲本果蝇。

7. 再过 3~4d，F_2 代成蝇出现，麻醉后在白瓷板上仔细观察眼色和性别，并做统计。

8. 每隔 1~2d 统计一次，累计 6~7d 的数据。

七、实验结果

将实验结果填入下表：

观察结果\统计日期	正交 F_1: $X^+X^+ \times X^wY$		反交 F_1: $X^wX^w \times X^+Y$	
	红眼♀	红眼♂	红眼♀	白眼♂

观察结果\统计日期	正交 F_2				反交 F_2			
	红眼♀	白眼♀	红眼♂	白眼♂	红眼♀	白眼♀	红眼♂	白眼♂
合　计								
百分比								

实验 5 果蝇的三点测交与遗传作图

位于同一条染色体上的基因是连锁的，而同源染色体上的基因之间会发生一定频度的交换，因此其连锁关系发生改变，使子代中出现一定数量的重组型。重组型出现的多少反映出基因间发生交换的频率的高低。根据基因在染色体直线排列的原理，基因间距离越远，其间发生交换的可能性就越大，即交换频率越高；反之则小，交换频率就低。也就是说基因间距离与交换频率有一定对应关系。基因图距就是通过重组值的测定而得到的。如果基因座位相距很近，重组率与交换率的值相等，可以直接根据重组率的大小作为有关基因间的相对距离，把基因按顺序排列在染色体上，绘制出遗传图。如果基因间相距较远，两个基因间往往发生二次以上的交换，这时如果简单地把重组率看做交换率，那么交换率就会被低估，图距就会偏小。这时需要利用实验数据进行校正，以便正确估计图距。

基因在染色体上的相对位置的确定除进行两个基因间的测交外，更常用的是三点测交法，即通过一组杂交同时对三对基因的连锁与交换情况进行测定，确定三个基因在染色体上的排列顺序和它们之间的相对距离。需注意的是图距并不总是等于重组值，重组值表示了基因间的交换频率，图距表示基因间的相对距离，通常是由两个邻近的基因图距相加得来的。所以图距往往并不同于重组值。图距可以超过 50%，重组值只会接近而不会超过 50%，只有基因相距较近时，图距才和重组值相等。

一、实验目的

1. 掌握三点测交的原理及方法。
2. 学习三点测交的数据统计处理及分析方法。
3. 了解绘制遗传学图的原理和方法。

二、实验材料

黑腹果蝇（*Drosophila melanogaster*）品系：
　　野生型果蝇（+++）：红眼、长翅、直刚毛
　　三隐性果蝇（$wmsn^3$）：白眼、小翅、焦刚毛

三、仪器设备

立体解剖镜，恒温培养箱，天平，培养瓶及麻醉瓶，毛笔及白瓷板。

四、药品试剂

乙醚，玉米粉，琼脂，红糖，酵母粉，丙酸。

五、实验说明

1. 性状特征：三隐性果蝇（w m sn³）个体的眼睛是白色的（w）；翅膀比野生型的翅膀短些，翅长仅至腹部，称小翅（m）；刚毛是卷曲的，称焦刚毛（sn³）。这3个基因都位于 X 染色体上，所以也可以在本实验中同时进行伴性遗传的实验观察。故实验步骤中列出正、反两种交配方式。

2. 交配方式：把三隐性雌蝇与野生型雄蝇杂交，所得子一代的雌蝇是三因子杂种 $\frac{w\ m\ sn^3}{+\ +\ +}$，雄蝇是 $\overrightarrow{wmsn^3}$（横线表示一条 X 染色体，箭头横线表示一条 Y 染色体）。子一代雌、雄果蝇相互交配，得测交后代，如图5-1所示：

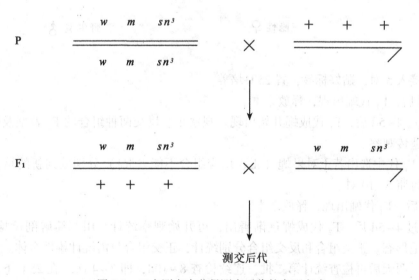

图5-1 三点测交中获得测交后代的交配方式

子一代的雌蝇表型是野生型，雄性是三隐性。子一代雌蝇是三因子杂合体，可以形成8种配子，而子一代雄蝇是三隐性个体，所以子一代雌雄蝇相互交配时，即进行测交，子二代可以得到8种表型。得到的测交后代中多数个体与原来的亲本相同。同时也会出现少量与亲本不同的个体，即重组型。重组型是基因间发生交换的结果。

六、实验步骤

1. 为了有足够的果蝇用于杂交实验，可在实验进行前 2~3d 收集野生型和三隐性品系的处女蝇及雄蝇，分开培养。

2. 按下列组合进行杂交：

$$\text{正交} \quad \dfrac{+\ +\ +}{+\ +\ +} \quad \times \quad \dfrac{w\ m\ sn^3}{} \male$$

野生型 ♀　　　　　　　　三隐性 ♂

$$\text{反交} \quad \dfrac{w\ m\ sn^3}{w\ m\ sn^3} \quad \times \quad \dfrac{+\ +\ +}{} \male$$

三隐性 ♀　　　　　　　　野生型 ♂

每瓶接入 5 对，贴好标签，置 25℃培养。

3. 7d 后，F_1 代蛹出现，释放亲本。

4. 再过 4~5d 后，F_1 代成蝇开始出现。观察正、反交两种组合的 F_1 表型及性别，同时作伴性遗传观察。

5. 从 F_1 代中选出若干对果蝇（正、反交组合不能弄混！）分别放到新的培养瓶中继续杂交，每瓶 5~10 对。

6. 7d 后，F_2 代蛹出现，释放亲本。

7. 再过 4~5d 后，F_2 代成蝇逐渐孵出，可开始观察统计。用双筒解剖镜检查眼色、翅形和刚毛形态。正交组合和反交组合分别统计，正交组合只需统计雄性个体。各类果蝇分别记数。两天后再检查统计第二批，连续检查 8~10d，即 3~4 次。在 25℃下，自第一批果蝇孵出 10d 内是可靠的，再迟时 F_3 代可能会出现。要求每组至少统计 250 只果蝇。

一般情况下，F_2 群体中应有 8 种表型，其中 2 种是亲本类型（数量较多），4 种是单交换类型，2 种数目最少者为双交换类型。

七、实验结果

1. 按下列顺序记录统计数据（反交组合的全部个体与正交组合的雄性个体统计结果合并），将相应数据填入表 5-1 中，确定基因间重组发生的情况。

表 5-1　　　　　　　　　三点测交试验观察记录

测交后代表型	观察数	重组发生位置		
		m-sn^3	m-w	w-sn^3
$sn^3\ w\ m$ / $+\ +\ +$				
$sn^3\ +\ +$ / $+\ w\ m$		√		√
$+\ +\ m$ / $sn^3\ w\ +$		√	√	
$+\ w\ +$ / $sn^3\ +\ m$			√	√
合　计				
重组值（%）				

2. 计算基因间的重组值及双交换值。
3. 根据计算结果画出遗传学图。注意应用双交换值对位于两端的基因间距离进行校正。
4. 计算并发系数和干涉值。

八、思考题

1. 正交组合 F_2 统计为什么只需统计雄性个体？其雌性 F_2 个体的表型如何？
2. 如果进行常染色体基因三点测交，在实验程序设计上与本实验有什么差别？
3. 与两点测交相比，三点测交有何优点？

实验 6 果蝇 X 染色体隐性突变的检出

广义的突变包括染色体突变和基因突变，基因突变又分为自发突变和诱发突变。突变在遗传学研究中具有重要作用，可以说，没有突变就没有遗传学。突变是非常普遍的生物学现象，但突变的检测却是一项复杂而繁琐的工作，特别是对于具有庞大基因组的高等动植物来说。对不同生物材料，根据各自特征发展起来了各种各样的突变检出方法，在模式生物果蝇中，H. J. Muller 独创性地发展了几种定量测定基因突变的技术，其中最有名的就是利用雄性果蝇中伴性基因为半合子的特点建立的"ClB 测验"与"Muller-5"测验。

ClB 系统可以检测到 X 染色体上任何隐性致死突变或非致死突变。

B：棒眼基因。对于野生型的复眼（+）为不完全显性，是 X 染色体上的一个重要标记基因；棒眼的出现就表明这条染色体的存在。

l：X 染色体上的隐性致死基因。纯合时引起子代雄蝇的死亡，改变了 1∶1 的性比例，为发现新的隐性致死突变带来方便。

C：交换抑制因子。l 基因与 B 基因之间有一段很长的倒位，有效抑制了它们之间的交换，使它们永远连锁遗传。棒眼的存在，标志着 l 基因的存在。

带有 ClB 染色体的雌性为棒眼，而雄蝇由于带致死基因而死亡。

ClB 测验的过程如图 6-1 所示。

F_1 性比为 2♀∶1♂，在存活的个体中，有一半雌蝇带有 ClB 染色体和待测染色体，由于它表现为棒眼（杂合体的棒眼为宽棒眼），所以很易识别。要知道这种雌性果蝇个体的待测 X 染色体上是否带有隐性致死基因，只需将这类处女果蝇选出，让其与 F_1 中正常雄蝇进行单对交配，观察 F_2 代结果。若 F_2 中没有雄蝇出现，即说明待测染色体上有隐性致死突变基因（m），如图 6-2 所示：

对于图 6-2 中表型正常的雄蝇，带有新的致死突变基因 m 的杂合体可用以进一步的研究分析。

据估计，果蝇 X 染色体的自然突变率大约是 1.5×10^{-3}，即 1 000 个配子中，大约有 1.5 个 X 染色体发生了致死突变。如果用 3500 伦琴的 X 射线处理雄性果蝇，可以期望产生 10% 的 X 染色体致死突变。

一、实验目的

1. 了解果蝇 ClB 品系的遗传学特点及应用。
2. 学习果蝇 X 染色体隐性致死或非致死突变检出的原理和方法。

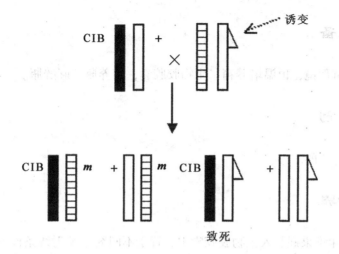

图 6-1　ClB 品系检测隐性突变示意图

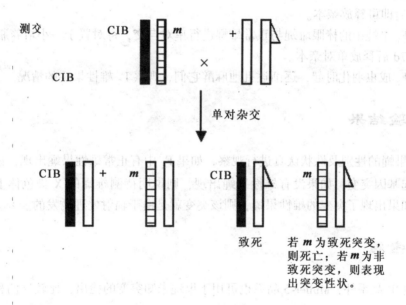

图 6-2　ClB 品系检测隐性突变示意图

二、实验材料

黑腹果蝇（*Drosophila melanogaster*）品系：
　　野生型
　　ClB 品系

三、仪器设备

X-射线仪，解剖镜，恒温培养箱，生物胶胶囊，培养瓶及麻醉瓶。

四、药品试剂

果蝇培养基，乙醚。

五、实验步骤

1. 将雄性野生型果蝇装入生物胶胶囊中，置于不同剂量 X 射线条件下处理。
2. 经处理后的雄果蝇与 ClB 品系的雌性处女蝇杂交，每瓶接入 5 对，不同剂量处理的雄果蝇注意分开。
3. 1d 后即可释放亲本。
4. 对 F_1 果蝇中的棒眼雌蝇与正常雄蝇进行单对自交，每对置于一小培养瓶中。
5. 5~7d 后释放单对亲本。
6. 自 F_2 成虫羽化时起，逐渐逐批地麻醉它们，观察 F_2 雄性果蝇的情况。

六、实验结果

对 F_2 果蝇的性别及性状认真进行观察，如果 F_2 中有正常雄性果蝇出现，说明该辐射处理未引起基因突变；如果没有雄性果蝇出现，则说明待测雄蝇的 X 染色体上发生了致死突变；如果出现了突变的雄性果蝇，则该突变就是由于辐射处理诱发的。

七、思考题

1. 除 ClB 品系外，Muller-5 品系也可用于果蝇未知突变的检出，比较这两种方法的原理及优缺点。
2. 请选一个你所知道的 X 染色体突变性状，设计一个应用 ClB 品系进行检测的实验，并预测实验结果。

实验 7　环境对果蝇基因表达的效应

表型的许多方面都受到生物体遗传组成和其生存环境的影响，因此可以说表型是基因型与环境相互作用的产物。果蝇卷曲翅基因的表达常受到环境的修饰，通过观察该基因在不同环境下的表达情况，即可显示环境对基因表达的影响。卷曲翅基因（cu）对温度敏感，纯合体（cu/cu）果蝇在高温下培养时翅膀顶端弯曲（图7-1），但同样基因型的果蝇在低温下培养时部分个体具有直翅膀，因此可以说 cu 等位基因的外显率（penetrance）是不完全的。另一方面，特别是在低温下培养的果蝇翅膀表现出不同程度的卷曲，这样可以说该基因的表现度（expressivity）是变化的。cu 基因的外显率和表现度还根据性别而变化。

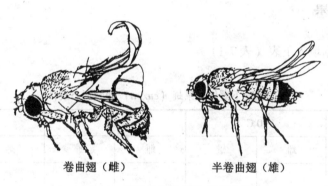

卷曲翅（雌）　　　半卷曲翅（雄）

图 7-1　果蝇的卷曲翅和半卷曲翅

下面的实验中，在 3 种不同的温度下培养纯合体果蝇（cu/cu），然后对后代中的卷曲翅性状进行统计分析，计算外显率和表现度。

一、实验目的

1. 了解基因与环境相互作用的原理。
2. 观察温度对果蝇有关性状的影响。

二、仪器设备

恒温培养箱，立体解剖镜，培养瓶及麻醉瓶。

三、药品试剂

果蝇培养基，乙醚。

四、实验步骤

1. 从保种的弯翅果蝇（基因型为 cu/cu）培养瓶中建立3种培养体系，雌蝇不要求是处女蝇。在培养瓶上贴上20℃、25℃、28℃标签，初始培养温度均为25℃，一直培养到化蛹（这样可以加速实验进程，温度对 cu 基因表达的影响仅发生在孵化前的发育阶段）。
2. 释放亲本果蝇，并将培养瓶转移到相应温度的恒温培养箱中进行培养。
3. 在果蝇成虫出现后，对其进行麻醉，并分别观察雌、雄果蝇翅膀的形态。可将翅膀分成3类，即卷曲翅、半卷曲翅、直翅（自行确定标准，但在实验过程中必须应用同样的标准）。

五、实验结果

1. 将观察数据填入下表（表7-1）

表 7-1 不同温度下孵化的果蝇（cu/cu）翅膀形态统计

	20℃		25℃		28℃	
	雌	雄	雌	雄	雌	雄
卷曲翅						
半卷曲翅						
直翅						
总数						
外显率（%）						
表现度（%）						

2. 计算外显率和表现度

$$外显率 = \frac{受影响的果蝇（卷曲翅和半卷曲翅）数}{果蝇总数} \times 100$$

$$表现度 = \frac{卷曲翅果蝇数 \times 2 + 半卷曲翅果蝇数 \times 1}{受影响的果蝇数 \times 2} \times 100$$

注意：在计算表现度时对性状进行了加权，卷曲翅果蝇计为2，半卷曲翅果蝇计为1，这样使结果综合成一个总的表现度。

六、思考题

1. 从温度对蛋白质结构与功能的影响角度分析本实验的结果。
2. 如果本实验中 20℃下孵化出的直翅果蝇间相互交配,而后代幼虫和蛹在 28℃条件下生长,请预测成虫翅膀的形态。

实验 8 果蝇数量性状的遗传分析

我们所观察的许多性状都是质量性状（不连续性状），如果蝇的红眼-白眼、长翅-小翅、直刚毛-焦刚毛等性状，这些性状非此即彼，没有中间过渡类型，在实验室中研究的许多遗传性状都属于这种类型。然而，自然界中的许多变异，以及动植物育种中的许多重要性状都是连续变异的，称为数量性状，如高度、生长率、产量等，这些性状表现出从一个极端到另一个极端的变异范围。数量性状同时受到基因和环境的强烈影响，而且通常是多基因相互作用决定的，每个基因的作用是微小而相等的。下面的实验将说明如何研究数量性状，如何区分遗传与环境因素在数量性状决定中所起的作用。

本实验涉及果蝇的两个自交系，它们在腹侧板上的刚毛数量方面表现出较大差异。腹侧板上的刚毛由 2~3 根长刚毛和一排小刚毛组成（图 8-1），通常雄性个体因为体形较小，腹侧板上的刚毛数量也较少，因此，为避免因性别差异造成的误差，实验中可只数同一性别（一般为雌性）个体腹侧板上的刚毛。当然，若统计的果蝇数目足够多，也可同时统计雌、雄个体。

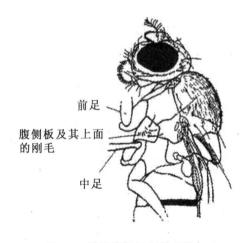

图 8-1 果蝇腹侧板上刚毛形态

一、实验目的

1. 了解数量性状的遗传特点。
2. 学习数量性状的分析方法，计算遗传力。

二、实验材料

黑腹果蝇：实验室中保存的材料因长期近交，缺乏遗传变异，应利用野外采集的果蝇，将其培养成近交系，然后选定分别表现出高、低腹侧板刚毛数的两个品系进行该实验。培养果蝇时避免密度过大，温度在20℃左右，稍低于正常饲养温度，这样成虫个体大，容易观察刚毛和计数。

三、仪器设备

恒温培养箱，解剖镜，培养箱及麻醉瓶。

四、药品试剂

果蝇培养基，乙醚。

五、实验说明

在实验中，学生应对亲本、F_1和F_2个体的两侧腹侧板上的刚毛进行计数，为了掌握计数的方法，可先对刚毛较少的品系进行计数，待掌握方法后再对刚毛较多的品系计数。每个品系统计的果蝇数为200~300只。

表8-1和图8-2、图8-3、图8-4是一次实验观察的统计结果。注意该性状的连续性，刚毛数变异的范围为11~23，呈正态分布，这是典型的数量性状分布形式。

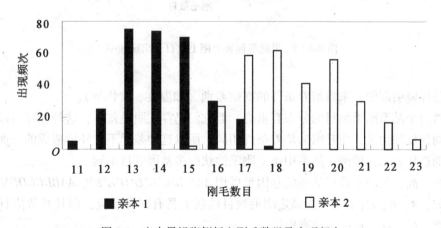

图8-2 亲本果蝇腹侧板上刚毛数目及出现频率

在每一品系中，与刚毛平均数偏离的变异，就是环境的刚毛数目的影响作用，这是因为每一品系中的果蝇都是近交的（即来自反复的兄妹交配），这样，它们就具有相同的遗传基础，而且决定刚毛数目的基因都是纯合的。因此，在这种情况下表现出的刚毛数目变

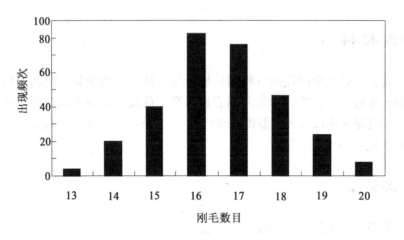

图 8-3 F₁果蝇腹侧板上刚毛数目及出现频率

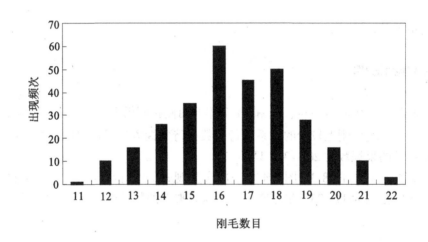

图 8-4 F₂果蝇腹侧板上刚毛数目及出现频率

异肯定是环境引起的,来自培养条件的细微差别(如温度、食物等)。

虽然两个品系刚毛数目的分布有重叠,但它们仍存在明显差异,这种差异可以通过不同的平均数反映出来,而且因为培养条件相同,所以这种差异不是环境造成的,而是两个品系间的遗传差异,即两个品系中决定刚毛性状的多基因数目不同。

这样,高、低刚毛数目品系的基因型可用 $AAB'B'C'C'D'D'E'E'$、$AABBCCDDE'E'$ 来表示,例如,A、B、C、D……在确定刚毛数目性状上具有同等效应,而且其效应具有加和性,反之,C'、D'、E'……没有作用。

下一步实验可考虑高、低刚毛数目品系杂交后所产生的 F₁ 代和 F₂ 代。根据三代(亲代、F₁ 和 F₂ 代)果蝇腹侧板上的刚毛数,可计算遗传力,即基因对于刚毛数目变异的贡献。

表 8-1　亲代、F_1 和 F_2 代果蝇腹侧板上刚毛数目的频率分布、平均值和标准差（P=亲本）

亲本和子代	刚毛数目												平均值	方差
	11	12	13	14	15	16	17	18	19	20	21	22	23		
P_1	5	25	75	74	70	30	19	2						14.2	2.02
P_2					2	27	59	62	41	56	30	17	6	18.7	3.27
F_1			4	20	40	82	76	46	24	8				16.6	2.18
F_2	1	10	16	26	35	60	40	45	50	28	16	10	3	16.6	4.92

根据表 8-1，我们进行如下分析和计算：

1. 平均值：即每只果蝇腹侧板上刚毛数的平均数，用 X 表示。

$$X = \{f(X_1) + f(X_2) + f(X_3) + \cdots + f(X_N)\}/N$$

f = 出现频率

$X_1 \cdots X_N$ = 各种类型的刚毛数目

N = 观察果蝇总数

2. 方差：用 V 表示。它可以用来度量数值与平均值的离散程度，即刚毛数目的变化情况。

$$V = \{f(X_1-X)^2 + f(X_2-X)^2 + f(X_3-X)^2 + \cdots + f(X_N-X)^2\}/N-1$$

3. 环境方差：正如上面所述，两个亲本品系强烈近交，遗传基础非常一致并且纯合，因此，刚毛数目与平均数之间的偏离（即 V_{P_1}、V_{P_2}）一定是因为果蝇发育过程中环境的影响造成的。环境引起的方差用 V_E 表示，这样：

$$V_{P_1} = V_{P_2} = V_E$$

F_1 代的遗传基础也将非常一致，但对于两个亲本不同的基因位点将是杂合的。上面例子中的 F_1 代的基因型为 $AABB'CC'DD'E'E'$，因此，F_1 代的方差也是由于环境因子引起的，即：

$$V_{F_1} = V_E$$

因此，F_1 代和两个亲本的方差为我们提供了 3 种度量环境方差的方法。在下面的计算中，我们取 3 个方差（表 8-1）的平均值（即 2.49）作为环境方差的数值。

从图 8-3 可以看出，F_1 代刚毛数量分布基本居于两个亲本的中间，这表明造成两个亲本刚毛数量不同的等位基因不存在显、隐性关系，因此用 A 和 A'、B 和 B' 等，而不用 A 和 a、B 和 b 表示。

4. 遗传方差：F_2 代刚毛数目的变异范围基本涵盖了两个亲本的变异范围之和，F_2 代的方差也比两个亲本或 F_1 代大得多，这不仅是因为存在环境方差，而且因为遗传方差的存在。遗传方差（用 V_G 表示）来自 F_1 代减数分裂中多基因的分离和重组，这将在 F_2 代产生众多的基因型，它们的刚毛数量从一个极端到另一个极端，而且存在很多中间类型。

这样，$V_{F_2} = V_G + V_E$

如果假定 F_2 代的培养条件与亲本和 F_1 代相同，我们可以计算出 V_G。

就表 8-1 来说：

$V_{F_2} = 4.92$

$V_G = 4.92 - 2.49 = 2.43$

5. 遗传力：用 h^2 表示。遗传力（这里指广义遗传力）是指遗传方差在总方差中所占的比例，即 V_G/V_{F_2}，其数值在 0~1 之间。

就表 8-1 来说：

$h^2 = 2.43/4.92 = 0.49$

换句话说，果蝇腹侧板上刚毛数目的变异，约 50% 是由于遗传因素引起的，另约 50% 是由于环境引起的。

六、实验步骤

根据上面所介绍的方法及已做过的果蝇杂交实验所用方法，自行设计杂交实验，并对亲本、F_1、F_2 代果蝇腹侧板上刚毛数进行统计分析，计算有关参数。

七、实验结果

1. 根据统计数据，绘制亲本、F_1、F_2 代果蝇腹侧板上刚毛数频率分布柱状图。
2. 计算环境方差和遗传方差。
3. 计算刚毛的遗传力。

实验 9　果蝇唾液腺染色体制片

唾液腺染色体（salivary gland chromosome）是一类存在于双翅目昆虫，如果蝇、摇蚊幼虫唾液腺细胞中的巨大染色体。双翅目昆虫的唾液腺细胞发育到一定阶段之后就不再进行有丝分裂，而永久停留在分裂间期。但随着幼虫的生长，唾液腺染色体仍不断地进行自我复制而且不分开，经过许多次的复制形成约 1 000~4 000 拷贝的染色体丝，合起来直径达 5μm，长度达 400μm，比普通细胞中期染色体约大 100~150 倍，所以又称为多线染色体（polytene chromosome）或巨大染色体（giant chromosome）。

唾液腺染色体的另一特点是体细胞中同源染色体处于紧密配对状态，这种状态称为"体细胞联会"。在以后不断的复制中仍不分开，由此成千上万条核蛋白纤维丝结合在一起，紧密盘绕。所以细胞中染色体只呈单倍数。黑腹果蝇的染色体数目 2n=8，其中第 Ⅱ、第 Ⅲ 染色体为中部着丝粒染色体，第 Ⅳ 和第 Ⅰ（X 染色体）染色体为端着丝粒染色体（图 9-1）。唾液腺染色体形成时，染色体着丝粒和近着丝粒的异染色质区聚于一起形成一个染色中心（chromo-center），所以在光学显微镜下可见从染色中心处伸出 6 条配对的染色体臂，其中 5 条为长臂，1 条为紧靠染色中心的很短的臂（图 9-2，图 9-3）。

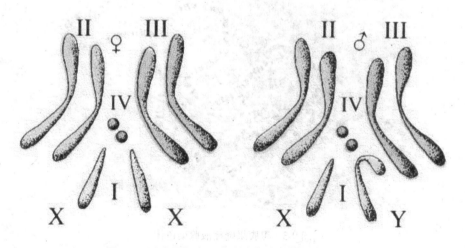

图 9-1　黑腹果蝇有丝分裂中期染色体形态示意图

唾液腺染色体经染色后，呈现深浅不同、疏密各异的横纹（band）。这些横纹的数目、位置、宽窄及排列顺序都具有物种的特异性。研究认为这些横纹与染色体的基因是有一定关系的。从其横纹分布特征可对物种的进化特征进行比较分析，而一旦染色体上发生了缺失、重复、倒位、易位等结构变化，也可较容易地在唾液腺染色体上观察识别出来。

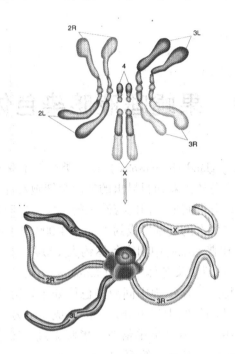

图 9-2 黑腹果蝇唾液腺染色体模式核型

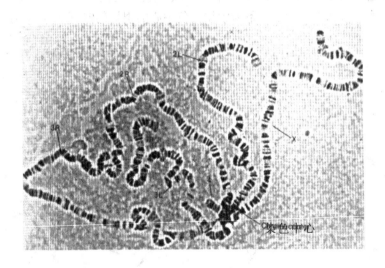

图 9-3 黑腹果蝇唾液腺染色体

一、实验目的

1. 了解果蝇唾液腺染色体的形态学及遗传学特征。
2. 学习分离果蝇幼虫唾液腺的技术。

3. 掌握唾液腺染色体制片方法。

二、实验材料

黑腹果蝇（*Drosophila melanogaster*）三龄幼虫，野生型和突变体均可，初学者可使用黑檀体突变体，其幼虫个体较大，易分离得到唾液腺。

三、仪器设备

解剖镜，显微镜，恒温培养箱，镊子，解剖针，载玻片及盖玻片。

四、药品试剂

果蝇培养基，石炭酸品红，生理盐水（NaCl 7.5g、KCl 0.35g、$CaCl_2$ 0.21g，顺次溶解于1 000ml 蒸馏水中）。

五、实验步骤

1. 取一条三龄幼虫（往往已爬上培养瓶壁），置于载玻片上，并加一滴生理盐水，置双筒解剖镜下观察。首先熟悉幼虫结构，幼虫具一钝尾和一带黑色口器的尖头端。

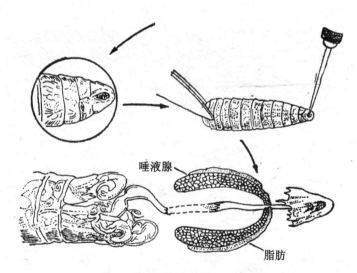

图 9-4　分离果蝇幼虫唾液腺的方法

2. 在解剖镜下用解剖针压住头部，压点尽可能靠头部口器处。
3. 幼虫头部固定之后，再用另一针压住尾端（或用尖头镊子夹住），平稳快速一拉，使口器部分断开，体内各器官也从切口挤出，一对唾液腺也随之而出。唾液腺是一对透明的香蕉状腺体，仔细观察可发现由一个个较大的唾液腺细胞组成（图9-4）。

4. 分离的腺体可能伴有消化道和脂肪体。在载玻片上再加一滴生理盐水，用刀片或解剖针仔细剔除这些杂物，仅让腺体留下。

5. 用滤纸将多余生理盐水吸去，注意不要碰着腺体，以防吸走。然后滴上一滴石炭酸品红，染色10 min左右。

6. 染色后，盖上盖玻片，用滤纸轻轻吸去多余染料，然后平放在实验桌上，用大拇指压下盖片，用力适当即可获得染色体分散良好的制片。

7. 显微镜下观察制好的压片。

六、实验结果

观察唾液腺染色体制片，寻找形态良好、分散适中的图像仔细观察染色中心及各条臂的特点。由于短小的第Ⅳ染色体不易观察到，所以常看到明显的5条臂。雄果蝇的Y染色体主要由异染色质组成，几乎包含在染色中心内，因此雄果蝇的X染色体臂比雌果蝇的X染色体臂要细一些。

实验 10 小鼠骨髓细胞有丝分裂染色体制片

制备染色体标本并进行观察分析是遗传学最基本的研究方法之一，优良的染色体标本是进行染色体组型分析、显带、原位杂交等的重要基础。小型动物的染色体制片最好、最有效的材料就是骨髓组织。在骨髓细胞中，有丝分裂指数相当高，因此，可以直接得到中期细胞而不必像淋巴细胞或其他组织那样要经过体外培养。主要的中期分裂相来自成红细胞系统，也来自各种骨髓母细胞，单核细胞和淋巴细胞的分裂相是较少的。多倍体细胞往往来自于巨核细胞。

在有些情况下，穿刺取骨髓较困难，或者希望对同一个体材料进行连续的对比取材，以观察药物或环境因素对人类或动物的影响以及染色体的动态变化。这时采用外周血培养细胞而不伤害供血者直接制备染色体的技术就十分有利了。

为提高有丝分裂指数，在动物实验时，可在取材前经腹腔注射秋水仙素。

一、实验目的

1. 了解动物细胞染色体制片的原理。
2. 学习小鼠骨髓细胞染色体的制片方法。
3. 观察小鼠染色体的数目和形态。

二、实验材料

两个月龄的健康小鼠。

三、仪器设备

离心机，显微镜，剪刀及解剖刀，注射器及针头，刻度离心管。

四、药品试剂

0.01%秋水仙素，2%柠檬酸钠溶液，0.075 mol/L KCl，甲醇，冰醋酸，Giemsa 原液，1/15 mol/L 磷酸缓冲液（pH 6.8）。

五、实验步骤

1. 戴上帆布手套，以脱颈椎法处死小鼠，立即用剪刀剪去大腿处的皮肤和肌肉，连同关节头一起取下两侧股骨和胫骨，剔净其上肌肉，用2%柠檬酸钠溶液洗净。剪去关节头，使其露出骨髓腔，用吸有适量2%柠檬酸钠溶液的注射器，将针头插入骨髓腔，将骨髓用柠檬酸钠溶液吹洗入刻度离心管，反复洗直至骨腔变白。

2. 将所得的骨髓细胞悬浮液1 000r/min离心10min，吸去上清液，加0.075mol/L KCl 5~8ml，立即用吸管吹打均匀，室温下静置低渗25min。

3. 1 000r/min离心10min，去上清液，沿管壁加5~8ml甲醇-冰醋酸（3∶1）固定液，立即吹散打匀，静置30min。

4. 离心去上清液，留约0.1~0.2ml的沉淀细胞和上清液，用吸管反复轻吸混匀，制成细胞悬浮液。

5. 取洁净冰水中预冷的载玻片，稍作倾斜，用吸管吸取一滴上述细胞悬浮液，于载玻片上方适当高度滴在载玻片上，立即吹散吹匀载玻片上细胞，空气干燥。

6. 载玻片充分干燥后，用pH 6.8的磷酸缓冲液按1份Giemsa原液、9份磷酸缓冲液混匀后染色。材料面向上，用染液覆盖载玻片，染色10~15min，用流水洗去多余染液，再用吸水纸吸干多余水分，干燥后即可镜检。

在载玻片上用石炭酸品红染色10min左右也可。

六、实验结果

在低倍及中倍镜下观察Giemsa染色之后的染色体制片，找出分散适度的中期染色体图像，并在油镜头下仔细观察，熟悉小鼠染色体的形态，统计骨髓细胞染色体数目。

实验 11　人外周血淋巴细胞的培养及染色体制片

外周血是制备动物染色体标本的重要材料之一，但通常情况下哺乳动物的外周血中是没有分裂相的，其他动物如两栖类外周血中也只是偶尔能见到分裂相。外周血中的小淋巴细胞几乎都处于 G_1 期或 G_0 期，在人工离体培养的培养基中加入植物凝集素（photo-hemagglutinin，PHA）后，小淋巴细胞受刺激转化成淋巴母细胞，随后进入分裂期。这样，经过短期培养后，用秋水仙素处理，就可获得大量有丝分裂中期细胞，以用于制备染色体标本。

一、实验目的

1. 学习人体微量外周血培养方法。
2. 学习应用培养淋巴细胞进行染色体制片的方法。

二、实验材料

人外周血淋巴细胞。

三、仪器设备

超净工作台，恒温培养箱，恒温水浴锅，离心机，20ml 培养瓶，注射器及针头，剪刀及镊子，烧杯及量筒。

四、药品试剂

1. RPMI "1640" 培养基：称取 "1640" 粉末 10.5g，用 1 000ml 的双蒸水溶解，如溶液出现混浊或难以溶解时，可用干冰或 CO_2 气体处理，如 pH 值降至 6.0 时，则可溶解而透明。每 1 000ml 溶液加 $NaHCO_3$ 1.0~1.2g，以干冰或 CO_2 气体校正 pH 值至 7.0~7.2，立即以 6 号细菌漏斗过滤灭菌，分装备用。
2. 小牛血清，肝素生理盐水溶液（500 单位/ml），5%$NaHCO_3$，秋水仙素（4μg/ml），PHA，双抗（青霉素 1 万单位/ml、链霉素 1 万单位/ml）。

以上溶液，除 PHA 过滤灭菌外，都需高温高压灭菌。

3. 2%碘酒，75%酒精，0.075mol/L KCl，甲醇，冰醋酸，Giemsa 原液，1/15mol/L 磷酸缓冲液（pH6.8）。

五、实验步骤

1. 培养基的分装：在超净工作台内，用量筒取"1640"培养液40ml、血清10ml，用1ml注射器取肝素0.3ml、PHA 0.4ml、双抗0.3ml（终浓度各140单位/ml）。混匀后，用5%NaHCO$_3$调整pH值至7.2。用5ml移液管分装入20ml培养瓶，每小瓶5ml，盖紧皮塞，胶布封口备用。如不立即使用可置0℃保藏，用前用37℃水浴处理10min即可。

2. 采血：用肥皂洗净供血者的手，再用2%碘酒、75%酒精擦拭指尖消毒，待酒精完全挥发干之后，用无菌采血针或三棱针刺破指尖，用无菌吸管吸0.3~0.4ml血液移入培养瓶，轻轻摇动，使血与培养基混匀即可培养（或用2ml注射器，7号针头，先吸取少许肝素溶液润湿针筒，从肘静脉采血1~2ml，每个培养瓶接种全血0.3ml左右）。

3. 培养：将接好血细胞的培养瓶置37℃温箱中培养68~72h。

4. 秋水仙素处理：培养终止前6~10h加秋水仙素（2μg/ml），用5号针头加3~4滴，使最终浓度为0.01~0.02g/ml，处理2~4h。

5. 低渗处理：由温箱中取出培养瓶，用吸管吸去上清液，培养物沉积在瓶底，加入约6.5ml经37℃预热的0.075mol/L KCl溶液吹打均匀，置37℃水浴中低渗处理20min，使红细胞破碎，白细胞膨胀。

6. 离心：以1 000r/min离心5min，用吸管吸去全部上清液及沉淀上层较透明的部分（红细胞碎片），收集白细胞。

7. 固定：沿管壁慢慢加入甲醇-冰醋酸（3∶1）固定液5~6ml，吸管吹打均匀，固定20min。1 000r/min离心5min，弃上清液。

8. 制片：视离心管底细胞多少加入少量新鲜固定液，吹打成均匀悬浮液。取洁净冰水中预冷的载玻片，稍作倾斜，用吸管吸取 滴上述细胞悬浮液，于载玻片上方适当高度滴在载玻片上，立即吹散吹匀载玻片上细胞，空气干燥（所得制片可留作显带实验）。

9. 染色：载玻片充分干燥后，用pH6.8的磷酸缓冲液按1份Giemsa原液、9份磷酸缓冲液混匀后染色。材料面向上，用染液覆盖载玻片，染色10~15min，用流水洗去多余染液，再用洗水纸吸干多余水分，干燥后即可镜检。

六、实验结果

在低倍和中倍镜下，寻找分散适宜，染色体不重叠，浓缩程度适中，形态清晰的分裂相，并在油镜下观察染色体的数目和形态。选择一有代表性分裂相，用数码成像系统进行显微摄影，以供作核型分析之用。

七、注意事项

1. 接种的血样越新鲜越好，最好是在采血后24h内进行培养。如不能立即培养，应置于4℃存放,避免保存时间过久,影响细胞活力。

2. 在培养中成败的关键点除了 PHA 的效价很重要外,培养温度和培养液的酸碱度也十分重要。人外周血淋巴细胞培养最适温度为 37±0.5℃,最适 pH 值为 7.2~7.4。

3. 在培养过程中,如发现血样凝集,可将培养瓶轻轻振荡,使凝块散开,然后再放回 37℃培养。

4. 本实验采用人外周血微量培养法进行人染色体制片,其他动物可采用相同的方法,只是根据不同对象进行适当的改动。

5. 如果细胞膨胀得不够大,细胞膜没有破裂,或者染色体不够分散,可适当延长低渗时间。

实验 12　人类细胞中巴氏小体的观察

M. L. Barr 等人首先发现雌猫的神经细胞间期核中有一个深染的小体，而雄猫却没有。由于这个小体和性别及 X 染色体数目有关，所以称为 X 染色质，也叫做巴氏小体（Barr body）。之后在其他雌性哺乳动物细胞和人类女性的许多细胞中发现有同样的小体。现在一般认为 X 染色质是两个 X 染色体之一在间期时发生异固缩而形成的，且通常为失活状态。失活的染色体是随机的，失活状态使得雌性个体两个 X 染色体所携带的两份基因的遗传效应与雄性个体一个 X 染色体所具有的一份基因的遗传效应基本相当，达到一种剂量补偿效应，是维持雌雄两性生物基因表达一致所特有的遗传效应。在性染色体发生畸变时，如具 47，XXX 核型的女性体细胞中可观察到两个巴氏小体（图 12-1），即除一条 X 染色体具有正常活性外，其余的 X 染色体均失活，而在具 47，XXY 核型的男性体细胞中，也可观察到巴氏小体。对巴氏小体的研究有助于揭示 X 连锁基因的调控机理、性染色体的进化过程以及解释性染色体畸变患者的症状表现等。

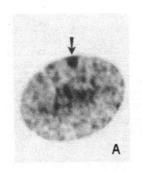 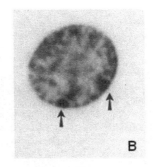

图 12-1　人类细胞中的巴氏小体
A：正常女性细胞中具有 1 个巴氏小体；
B：具有 3 条 X 染色体的女性细胞中具有 2 个巴氏小体

一、实验目的

1. 了解 X 染色体失活假设及剂量补偿效应的机制。
2. 学习人类性染色质的检查方法。

二、实验材料

人类口腔黏膜细胞、毛根鞘细胞等。

三、仪器设备

显微镜（包括荧光显微镜），恒温水浴锅，压舌板，镊子，载玻片及盖玻片。

四、药品试剂

甲醇，冰醋酸，50%、70%、75%、95%乙醇及无水乙醇，乙醚，50%醋酸溶液，5mol/L盐酸，1/15mol/L磷酸缓冲液，1%硫堇水溶液。

五、实验步骤

1. 取材及制片

口腔黏膜细胞：先让受检者用水漱口数次，以尽可能去除口腔内杂物，然后用医用压舌板刮取受检者口腔颊部黏膜，将刮取物在载玻片上涂片，晾干。

毛根鞘细胞：取受检者带毛根鞘的毛发一根，放在一干净的载玻片上。在根部加一滴50%醋酸溶液，静置5min，待毛发软化后，用干净针头将根部组织刮下，去毛干，并用针头将刮下的组织均匀分开，晾干。

2. 将制片置甲醇-冰醋酸（3∶1）固定液中20min。
3. 将载玻片依次放入95%、70%、50%乙醇及蒸馏水中，每次2~3min。
4. 置5mol/L盐酸中水解约5s。在此过程中RNA被分解，富含RNA的小体也会被硫堇染色。这一步骤十分关键，酸解不够不能除去RNA，酸解过度又会破坏DNA。
5. 蒸馏水漂洗2~3次，每次10~15s。
6. 硫堇染色10~20min，蒸馏水漂洗，晾干即可镜检。如染色太深则可在95%乙醇中分化30s左右，如太浅可复染。

人毛根鞘细胞制片可直接用硫堇水溶液染色后，移入75%乙醇中约30s，轻轻摆动，取出晾干即可。

六、实验结果

选择细胞核较大、染色清晰、轮廓清楚的细胞100个，统计X染色质的出现频率。X染色质位于细胞核膜的内侧，轮廓清晰呈平凸形、三角形或卵圆形，颜色为深蓝色，直径1~1.5μm。阳性涂片至少15%的细胞含X染色质，一般不超过30%~35%。来自男性的涂片偶尔也可观察到X染色质，但出现频率低于2%。

实验 13　人类染色体组型分析

人类细胞遗传学研究的主要对象是染色体。自 1956 年确定了人类染色体数目之后，于 1960~1995 年间共召开了 8 次人类细胞遗传学国际会议，制定并不断修改了国际命名体制，方便了国际交流。

人类的体细胞为二倍体，具有 46 条染色体（图 13-1）。女性为 46，XX（图 13-2）；男性为 46，XY，配子为单倍体，含有 23 条染色体。

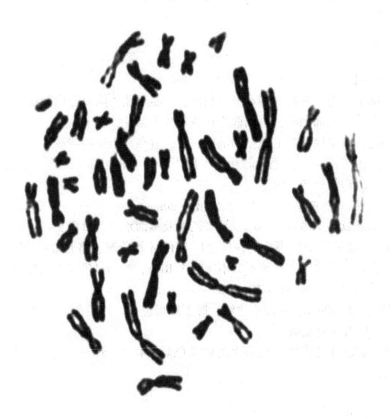

图 13-1　人类染色体形态

根据着丝点的位置，可将人类染色体分为 3 类，即中部着丝点染色体、亚中部着丝点染色体、近端部着丝点染色体。在染色体未经显带处理的情况下，很难全部识别每一条染色体，因此，国际上根据染色体的长度递减的次序和着丝点的位置，将正常人的染色体分为 7 组共 24 种类型。

A组：包括1～3号染色体，为大的中部着丝点染色体，根据大小和着丝点的位置彼此可以区分。

B组：包括4、5号染色体，为大的亚中部着丝点染色体，彼此不易区分。

C组：包括6～12号染色体和X染色体，为中等大小的亚中部着丝点染色体，X染色体类似于7号染色体。

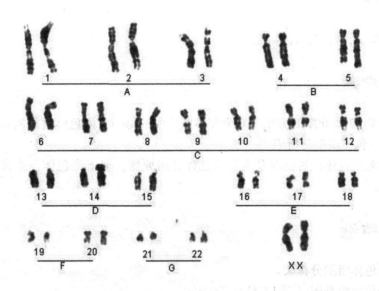

图 13-2　人类染色体组型

D组：包括13～15号染色体，为中等大小的带有随体的近端着丝点染色体。

E组：包括16～18号染色体，为较短的中部着丝点（16号）和亚中部着丝点（17、18号）染色体。

F组：包括19、20号染色体，为短中部着丝点染色体。

G组：包括21、22号和Y染色体，为亚端部着丝点染色体，21、22号染色体带有随体。

人类染色体组型分析对人类医学遗传研究及临床应用都有重大意义，如肿瘤细胞的核型分析已被应用于肿瘤的临床诊断、愈后及药物疗效的观察。通过培养后的淋巴细胞或皮肤成纤维细胞的核型分析，可以对人的染色体病进行诊断，而对培养后的羊水中的胎儿脱屑细胞或胎盘绒毛膜细胞的核型分析，则可用于胎儿性别鉴别及是否患有染色体病的产前诊断。

一、实验目的

1. 了解人类染色体组型的基本特征。
2. 学习人类染色体组型分析方法。

二、实验材料

人类染色体显微摄影照片。

三、仪器设备

毫米尺,镊子,剪刀,计算器。

四、实验步骤

1. 参照实验17所介绍的方法,对染色体照片中的每一条染色体进行测量,并计算有关参数,完成染色体组型分析表。
2. 根据同源染色体配对情况及人类染色体分组原则,剪下染色体,并将它们排列成染色体组型图。

五、实验结果

1. 完成染色体组型分析表。
2. 完成染色体组型图(图13-3)。

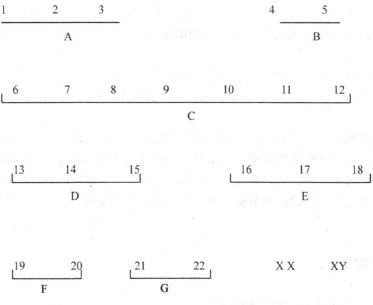

图13-3 人类染色体组型图

实验 14　植物有丝分裂染色体压片技术

植物染色体的常规压片技术是观察植物染色体常用的方法。该技术一般以生长、分裂比较旺盛的植物根尖细胞为材料，经预处理、固定、解离、染色、压片等程序，就可以观察到较多的处于有丝分裂中期的细胞和染色体，以进行有关研究。预处理的目的是获得比较多的中期分裂相，同时可以使染色体收缩变短，这样就使染色体在压片时容易分散。预处理药品除秋水仙素（0.01%~2.0%）外，还可使用对二氯苯（饱和溶液）、8-羟基喹啉（0.002~0.004mol/L）、α-溴萘（饱和溶液）等。

为了能够在显微镜下观察到清晰的染色体，还需对染色体标本进行染色，较好的染色方法有 Feulgen 染色法、铁矾-苏木精染色法、醋酸洋红染色法、改良石炭酸品红（卡宝品红）染色法，尤以改良石炭酸品红染色法简便、快捷。

一、实验目的

1. 了解植物细胞周期中染色体的动态变化。
2. 学习植物染色体常规压片技术。

二、实验材料

黑麦（*Secale cereale*）、大麦（*Hordeum vulgare*）种子或洋葱（*Allium cepa*）鳞茎。

三、仪器设备

恒温培养箱，恒温水浴锅，显微镜，载玻片及盖玻片。

四、药品试剂

对二氯苯饱和溶液，甲醇，冰醋酸，70%酒精，1mol/L 盐酸，石炭酸品红染液。

五、实验步骤

1. 取材：先将种子浸泡若干小时，然后转入一垫有湿润滤纸的培养皿中，置 25℃ 恒温培养箱中萌发，待幼根长至 1~2cm 时取材；或鳞茎置于盛水的培养皿中，放在 25℃ 恒温培养箱中，待根尖长至 2cm 左右时取根尖（顶端 0.5~1cm）。

2. 预处理：将取下的根尖置于盛有对二氯苯饱和水溶液的青霉素瓶中，浸泡处理 3~4h。

3. 固定：经过预处理的根尖，用水洗净，用甲醇-冰醋酸（3∶1）固定液固定 6~24h。固定材料可转入 70%酒精中，于 4℃冰箱保存备用。

4. 解离：倒去固定液，用蒸馏水漂洗 2~3 次，再放入预热的 1mol/L 盐酸中，60℃水浴中解离 8~12min，然后用蒸馏水漂洗 2~3 次。

5. 染色：将根尖放在载玻片上，切下顶端 1~2mm，滴加石炭酸品红染液进行染色，5min 左右即可。

6. 压片：盖上盖玻片，用镊子柄轻轻敲打盖玻片，分生组织细胞即铺成薄薄一层；然后用滤纸吸去多余染液，用铅笔的橡皮头敲打，使细胞和染色体分散。

7. 镜检观察：在显微镜下仔细观察，寻找染色体轮廓清晰、染色适中、分散而不重叠的分裂中期相。

8. 封片：把压好的染色体标本放在冰箱冷冻室冰冻，然后用刀片将盖玻片快速掀开，盖玻片和载玻片同时于 37℃左右的烘箱中烘干。载玻片、盖玻片经二甲苯透明后，滴中性树胶封片，即制成永久制片。载玻片、盖玻片分别用新的盖玻片、载玻片封片。

六、实验结果

黑麦、大麦、洋葱的染色体数目均为 $2n=14$。选择较好的分裂相用显微镜上配备的数码照相装置摄影，并将打印照片附于实验报告中。

实验 15　去壁低渗法制备植物染色体标本

植物染色体的常规压片技术在植物细胞遗传学研究中发挥了重要作用，特别是许多植物的染色体计数和组型分析都是用这种方法完成的，但这种方法也存在一定缺陷，如染色体很难完全散开，容易产生重叠、变形、断裂，影响显带结果等，从而导致早期植物染色体方面的研究远远落后于动物染色体。20 世纪 70 年代以来，一些从事植物染色体研究的学者，参照动物及人类染色体标本制备技术，开展了对植物细胞去壁、低渗、火焰干燥方法的研究，取得了很好的结果，目前这种方法已广泛用于染色体计数、组型分析、显带、显微操作、原位杂交等分子细胞遗传学研究领域。

一、实验目的

1. 了解植物细胞周期中染色体的动态变化。
2. 学习去壁低渗火焰干燥法进行植物染色体制片的基本原理和方法。

二、实验材料

黑麦（*Secale cereale*）、大麦（*Hordeum vulgare*）种子或洋葱（*Allium cepa*）鳞茎。

三、仪器设备

恒温培养箱，显微镜，载玻片，酒精灯。

四、药品试剂

对二氯苯饱和溶液，甲醇，冰醋酸，70%酒精，纤维素酶，果胶酶，Giemsa 原液，1/15mol/L 磷酸缓冲液（pH6.8~7.2），0.075mol/L KCl。

五、实验步骤

1. 取材：先将种子浸泡若干小时，然后转入一垫有湿润滤纸的培养皿中，置 25℃ 恒温培养箱中萌发，待幼根长至 1~2cm 取材；或鳞茎置于盛水的培养皿中，放在 25℃ 恒温培养箱中，待根尖长至 2cm 左右取根尖（顶端 0.5~1cm）。
2. 预处理：将取下的根尖置于盛有对二氯苯饱和水溶液的青霉素瓶中，浸泡处理

3~4h。

3. 前低渗：将根尖放在 0.075mol/L KCl 溶液中处理 30min。

4. 酶解去壁：倒去 KCl 溶液，用蒸馏水充分洗净。加入混合酶液（纤维素酶与果胶酶各占 2.5%），25~30℃下酶解 2~3h。在酶解过程中最好轻轻摇动瓶子，促使酶解反应更加充分。

5. 后低渗：倒去酶液，用蒸馏水慢慢冲洗 2~3 次，然后在蒸馏水中停留 10min 进行后低渗处理。

6. 固定：甲醇：冰醋酸（3∶1）固定液固定 30min。

7. 涂片：取 2~3 个根尖置于擦干的洁净载玻片上，切下顶端 1~2mm，滴上 1~2 滴甲醇-冰醋酸（3∶1）固定液，用镊子迅速捣碎根尖组织，均匀涂布于载玻片上，在酒精灯火焰上掠过 3~4 次。

8. 染色：Giemsa 原液与 1/15mol/L 磷酸缓冲液（pH7.2）以 20∶1 混合，分装入染色缸，将干燥的制片置于染液中，也可将染液直接滴在载玻片上，染色时间约 30min。自来水冲洗载玻片，空气干燥后即可进行镜检。

六、实验结果

先在低倍物镜下进行观察，找到较好的中期分裂相后，直接加显微镜油并转换为油镜头进行观察（若使用香柏油，则需加盖玻片，因为在香柏油中染色体会褪色）。选择较好的分裂相用显微镜上配备数码照相装置摄影，并将打印照片附于实验报告中。

实验 16　植物染色体组型分析

各种动植物的细胞中都有一定数目的染色体。染色体组型分析又称核型分析，就是分析细胞中染色体的数目和形态结构特点，并用表格、图示将这些特点展示出来。

染色体的形态以有丝分裂中期最为显著，所以一般都分析该时期染色体（图 16-1）。染色体的特征包括染色体数目、大小、着丝粒位置、副缢痕的有无及位置、随体的有无及形态和大小、B 染色体有无及数目等。染色体显带技术、原位杂交技术发展以来，又为染色体增添了新的更精确的鉴别特征。

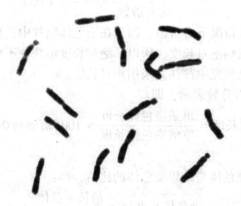

图 16-1　大麦有丝分裂中期染色体

染色体组型反映了物种染色体水平的整体特征，研究和比较物种的染色体组型可以确定物种本身的遗传学特征，有助于对物种的亲缘关系进行判断和分析，揭示遗传进化的过程和机制。组型分析也是分析生物染色体数目和结构变异的基本手段，在染色体识别与鉴定中也起着重要作用，植物细胞分类学、细胞地理学研究也是以组型分析为基础的。

一、实验目的

1. 了解染色体组型分析的原理及各项参数意义。
2. 学习染色体组型分析的方法。

二、实验材料

黑麦、大麦、洋葱等植物根尖细胞染色体照片。

三、仪器设备

毫米尺，镊子，剪刀，计算器。

四、实验说明

染色体组型分析通常包括如下指标：

1. 染色体数目：一般以体细胞染色体数目为准，至少统计 5~10 个个体、30 个以上细胞的染色体数目为宜，在个体内出现不同数目时，则应该如实记录其变异幅度和各种数目的细胞数或百分比，而以众数大于 85% 者为该种类的染色体数目。

2. 染色体绝对长度：以微米（μm）表示，可在显微镜下通过测微尺测量，也可在放大的照片上进行（后者更常用），然后按下面公式计算：

$$\frac{放大的染色体长度(mm)}{放大倍数} \times 1\,000$$

绝对长度值仅在某些情况下有价值，因为在染色体制片中，预处理时间、染色体浓缩程度、制片操作等都会影响绝对长度，所以，绝对长度值往往不稳定，而相对长度则是稳定的可比较数值。在组型研究中往往只采用相对长度。

3. 相对长度：均以百分数表示，即：

$$相对长度 = \frac{每条染色体长度}{单倍染色体长度} \times 100（精确到 0.01）$$

4. 染色体长度比

这是指核型中最长染色体与最短染色体的比值，即：

$$染色体长度比 = \frac{最长染色体}{最短染色体}$$

可简写为 Lt/Ls。这一数值在核型分析中是衡量核型不对称程度的主要指标之一。

5. 臂比值

指长臂与短臂的长度比值，即：

$$臂比值 = 长臂／短臂（精确到 0.01）$$

6. 着丝点位置

根据臂比值可将染色体分成以下几种类型（表 16-1）。这一分类已为国内外广为采用。

表 16-1　　　　　　　　臂比值与着丝点位置的关系

臂比值	着丝点位置	简写
1.00	正中着丝点（median point）	M
1.01~1.70	中部着丝点区（median region）	m
1.71~3.00	近中部着丝点区（submedian region）	sm
3.01~7.00	近端部着丝点区（subterminal region）	st
7.00 以上	端部着丝点区（terminal region）	t
∞	端部着丝点（terminal point）	T

7. 副缢痕及随体

副缢痕的有无及位置，随体的有无、形状和大小都是重要的形态指标，也应仔细观察记载。带随体的染色体用 SAT 或星号"＊"标记。

五、实验步骤

1. 将洗印好的显微摄影照片上的每条染色体进行随机编号。
2. 测量每一条染色体的长臂、短臂长度（单位：mm），自行制表。随体长度不计入染色体长度，但需标注带随体染色体的编号。
3. 计算每一条染色体的长度（放大照片上长度：mm）及臂比值。
4. 根据染色体长度和臂比值进行同源染色体配对。注意随体是一个重要参数，正常细胞中的某对同源染色体要么都带随体，要么都不带随体。
5. 计算同源染色体中两条染色体长、短臂及总长的平均值，并把这些数值换算成相对长度（注意染色体组长度是指一个染色体组中全部染色体的长度），填入表 16-2。

表 16-2　　　　　　　　　　　　染色体组型分析数据表

染色体编号	相对长度（%）			臂比	类型
	长臂	短臂	全长		
1					
2					
3					
4					
5					
.					
.					
.					
n					

6. 根据长、短臂的相对长度计算臂比值，并根据臂比值确定该染色体的类型。
7. 根据照片上编号及同源染色体配对情况，剪下染色体，按从长到短的顺序排列，一对一对地短臂向上、长臂向下，各染色体的着丝点在一条直线上，贴成一完整的染色体组型图。如全长相等，则按短臂长度顺序排列，长者在前。性染色体或 B 染色体一律排在最后。此外，因为高等植物中异源多倍体种类较多，进行组型分析时，也可能先根据系统发育的来源进行分组，然后各组按大小进行排列。如普通小麦的染色体组是 AABBDD，栽培陆地棉的染色体组是 AADD，分析时都应特别注意。

六、实验结果

1. 完成染色体组型分析表。
2. 完成染色体组型图的排列。

实验 17　植物多倍体的人工诱导

染色体是基因的载体，随着染色体的复制和细胞分裂，基因从亲代传递到子代。自然界各种生物的染色体数目一般是相当稳定的，这是物种的重要遗传学特征。我们将配子中的染色体数目记做 n，将合子及体细胞中的染色体数目记做 2n，而用 x 表示单倍体（haploid）染色体数目，即染色体基数。

由于各种生物的来源不同，细胞核内可能具有一个或一个以上的染色体组，凡是细胞核内含有一套完整染色体组的就叫做单倍体；具有两套染色体组的生物体称为二倍体；细胞核内多于两套染色体组的生物体则称为多倍体。如三倍体、四倍体、六倍体等，这类染色体数目的变化是以染色体组为单位的增减，所以称做整倍体变异。

对于二倍体（diploid）生物来说，x=n，例如可以把洋葱的染色体数目记为 2n=2x=16。2n 代表体细胞染色体数目，2x 告诉我们这种植物是二倍体，具有两个染色体组。

对于多倍体生物来说，x≠n，例如，对于小麦属（*Triticum*，x=7）植物我们常用下列方式来表示染色体数目：

一粒小麦　2n=2x=14，二倍体
二粒小麦　2n=4x=28，四倍体
普通小麦　2n=6x=42，六倍体

用 4n、6n 等来表示倍性水平是不合适的。从严格意义来讲，多倍体生物的配子、合子染色体数目仍分别用 n、2n 表示。

多倍体普遍存在于植物界，目前已知被子植物中有 50% 或更多的物种是多倍体，包括许多重要农作物，如小麦、大豆、油菜、马铃薯等，都是多倍体。根据多倍体中染色体组的来源，可将其分为同源多倍体和异源多倍体。凡增加的染色体组来自同一物种或者是原来的染色体组加倍的结果，称为同源多倍体；如果增加的染色体组来自不同的物种，则称为异源多倍体。异源多倍体通常由杂交和染色体加倍过程形成，目前已发现杂交和多倍化是植物进化和物种形成的重要方式。

鉴于多倍体植物具有一些比二倍体更优良的性状，我们也可采用物理或化学方法人工诱发多倍体植物，其中秋水仙素诱导法效果最好，使用最为广泛。秋水仙素是从百合科植物秋水仙（*Colchicum autumnale*）的种子及其他器官中提炼出来的一种生物碱，对植物种子、幼芽、花蕾、花粉、嫩枝等都可产生诱变作用。它的主要作用是抑制细胞分裂时纺锤体的形成，使染色体不走向两极而被阻止在分裂中期，染色体数目加倍，当秋水仙素处理停止后，细胞继续分裂，就形成多倍体的组织。由多倍体组织分化产生的性细胞，所产生的配子是多倍性的，因而可以通过有性生殖途径把多倍体特性遗传下去。

多倍体已成功应用于植物育种，用人工方法诱导的多倍体，如三倍体西瓜、三倍体甜菜、八倍体小黑麦已在生产上应用。在单倍体育种中，如花粉培养、花药培养等，最终也需进行染色体加倍才能获得具育性的品系，这也要用到多倍体诱导技术。

一、实验目的

1. 了解多倍体植物及其在植物遗传与进化中的重要作用。
2. 了解人工诱导植物多倍体的原理、方法及其在植物育种中的应用。
3. 应用植物染色体制片技术，鉴别诱导后染色体数目的变化。

二、实验材料

黑麦（*Secale cereale*，2n = 14）或大麦（*Hordum vulgare*，2n = 14）种子。

三、仪器设备

显微镜，恒温培养箱，恒温水浴锅，镊子，载玻片及盖玻片。

四、药品试剂

0.02%秋水仙素，冰醋酸，甲醇，1mol/L盐酸，石炭酸品红。

五、操作步骤

1. 种子催芽：将黑麦或大麦种子用自来水洗净并浸泡半小时，然后转入有浸润吸水纸的平皿中，于25℃培养箱中催芽36~48h。
2. 秋水仙素处理：种子萌发至根长0.5~1.0cm，留下发芽的种子，用水洗净，吸干水，加入0.02%秋水仙素溶液，使萌发出的根尖浸泡在秋水仙素溶液中。盖上平皿，置25℃温箱中处理24h。
3. 根尖的观察及固定：经处理之后，根尖膨大，形如鼓棰。取此种根尖，置青霉素瓶中，用甲醇：冰醋酸（3：1）固定液固定6h后弃去固定液，继续下列步骤或加入70%酒精于4℃冰箱中保存。
4. 根尖处理及压片：弃去固定液或酒精，加入60℃预热的1mol/L盐酸，于60℃水浴锅中解离10min。弃去盐酸，用自来水将根尖反复清洗几遍，以彻底洗净盐酸。用石炭酸品红染色后，即可进行压片观察，鉴别根尖细胞染色体加倍情况。详细方法参阅实验14。

六、实验结果

本实验采用秋水仙素处理根尖的方法，使细胞中的染色体数目加倍，以便于直接压片进行染色体加倍情况的检查鉴别。压片中可观察到2n = 14，2n = 28，甚至2n = 56等几种情况的根尖细胞。

若要获得多倍体植株及种子，可采用秋水仙素浸泡种子或幼苗顶端分生组织的方法，使植物营养器官、生殖器官细胞中染色体数目加倍，产生染色体加倍的配子，经受精后形成多倍体的种子。

在实验教学安排中，可将本实验与实验14安排在一起，以节约实验课时。

实验18　植物原生质体的分离和培养

植物细胞区别于动物细胞的一个主要特点是其具有细胞壁，而去掉细胞壁之后的植物细胞即称为原生质体。由于植物原生质体的独有特点，它可以作为研究细胞壁、细胞膜结构、功能及形成等重大理论问题的极好材料，尤其重要的是原生质体具有摄入外源物质或结构，如 DNA 分子、病毒、染色体、细菌、线粒体、叶绿体等的能力，从而可能获得遗传结构发生了变化的转化原生质体或新组合型的原生质体。这些原生质体再经过适当的培养，再生细胞壁并持续分裂，形成体细胞无性繁殖系，再分化得到再生植株，那么这种植株就可能是遗传结构经历了重组或细胞结构发生了变化的新型种类，这些研究在遗传育种等方面有重要的理论及实践意义。

早期分离原生质体曾采用机械法，但其分离效率很低，而且容易对原生质体产生伤害，目前主要采用酶解方法分离原生质体。考虑到细胞壁及胞间层的主要成分是纤维素和果胶质，分离原生质体时使用的酶就是果胶酶和纤维素酶。根据不同植物材料，可相应改变酶的浓度及混合比例。另一方面，为了保证原生质体处于适当的渗透压环境，不至于破裂或皱缩，要保证整个分离、培养条件具有适当的渗透压。最常用的渗透压稳定剂是甘露醇，也有用葡萄糖的。分离用的酶液、培养液，乃至洗涤液都要加入一定量渗透压稳定剂。

为了防止原生质体在培养过程中受到污染，原生质体的分离和培养都应在严格无菌条件下进行，所有实验材料、用具、酶液、洗涤液、培养液都需灭菌。酶制剂在高温高压下将失活，故需采用过滤灭菌。另外，原生质体培养条件要求较严格，为保证培养基成分的稳定，培养基、洗涤液也常用过滤灭菌。

一、实验目的

1. 了解植物细胞结构及原生质体的有关知识。
2. 学习酶法分离植物原生质体的方法。
3. 学习植物组织、细胞培养有关技术。

二、实验材料

菠菜（*Spinacia oleracea*）、蚕豆（*Vicia faba*）、落葵（*Basella rubra*）等植物的鲜嫩叶片。

三、仪器设备

超净工作台，高压灭菌锅，台式离心机，倒置显微镜，过滤灭菌装置及 0.20~0.45μm 的微孔滤膜，300 目镍丝网，10ml 带刻度离心管，玻璃吸管，培养皿，镊子。

四、药品试剂

70%酒精，0.1%升汞，无菌水，洗涤液（0.6mol/L 甘露醇、3.5mmol/L $CaCl_2 \cdot 2H_2O$、0.7mmol/L KH_2PO_4，pH5.6），混合酶液 [2%纤维素酶（Onozuka R-10）、1%果胶酶（Macerozyme R-10），溶于洗涤液中，pH5.6]，培养基 [B_5 培养基（见附录），培养基加入甘露醇使其终浓度为 0.5~0.6mol/L]。

五、实验步骤

1. 用自来水冲洗叶片。
2. 在超净工作台上（以下操作均在超净工作台上进行。若只进行原生质体分离实验，可不进行无菌操作）将叶片浸入 70%酒精中 2~3s，立即取出用无菌水漂洗 2~3 次，再将叶片浸泡入 0.1%升汞溶液中，用镊子小心地赶去叶面上气泡，4min 后，用无菌水漂洗 3 次。
3. 将叶片置无菌滤纸上，吸干余液，再置另一无菌滤纸上，叶背朝上，小心地用镊子撕去下表皮。
4. 用吸管将 4~5ml 酶液转入直径 6cm 的平皿中，再将撕去了下表皮的叶片放在叶片酶液上。去掉下表皮的一面朝下，使酶液与叶肉细胞充分接触。用封口膜封住，置 25℃ 左右的黑暗条件下酶解。
5. 3~4h 后，将酶解平皿在倒置显微镜下观察，待足量原生质体游离下来后即可进行下面的操作。
6. 用吸管将含有原生质体的酶液通过 300 目镍丝网，过滤到 10ml 离心管中，除去未被消化的叶组织。
7. 滤液用台式离心机（注意离心管都需带盖）500r/min 离心 2~3min，使完整的原生质体沉淀。
8. 用吸管除去上层酶液，加入洗涤液，小心地将原生质体悬浮起来，待悬液充分混匀之后，再一次离心。这样反复操作洗涤 2~3 次，去除酶液与残余的细胞碎片。
9. 加入适量（如 4ml）的原生质体培养基，小心地将原生质体悬浮起来，取少量用血球计数板计数。离心去掉上述加入的培养基（此作为最后一次洗涤），再按计数结果加入相应量的培养基，使培养基中悬浮原生质体的密度为 10^5/ml。
10. 用吸管将上述原生质体悬液转入培养皿内，控制液体的厚度在 1mm 左右。盖好平皿，用封口膜封住。置黑暗或微光下 25℃ 恒温培养。
11. 培养 10d 左右，在倒置显微镜下统计原生质体再生分裂的频率。

12. 当大部分原生质体再生了细胞壁并有部分发育成小细胞团时（约2周），添加含0.2mol/L甘露醇的新鲜培养基。

13. 当大部分原生质体发育成小细胞团时（培养1个月之后），以1∶1比例加入40~45ml融化的固体培养基，充分混匀，琼脂的最终浓度在0.6%以下。

14. 当细胞团长到直径1.5~2mm时，将其挑出接种在固体分化培养基上（培养基成分变化：去除甘露醇，激素组成改为 IAA4mg/L，KT2.56mg/L）。做进一步的愈伤组织培养和分化。

六、实验结果

仔细观察和记录每一实验操作步骤所取得的结果。细胞壁完全去掉之后的原生质体为圆球状，具有部分细胞壁的原生质体呈椭圆形或不规则形状。在显微镜下不经染色即可观察到原生质体内部的叶绿体。在原生质体培养初期，用荧光增白剂染色后可观察到细胞壁的再生过程，培养后期可观察到细胞分裂形成细胞团及愈伤组织块。在分化培养基上，愈伤组织可分化成苗。

实验 19 植物细胞微核检测技术

微核（micronucleus，MCN）是真核生物细胞中的一种异常结构，一般认为它是由有丝分裂后期丧失着丝粒的染色体断片产生的，整条染色体或几条染色体也能形成微核。这些断片或染色体在分裂过程中行动滞后，在分裂末期不能进入主核，便形成了主核之外的核块。当细胞进入下一次分裂间期时，它们便浓缩成主核之外的小核（大小在主核直径1/3 以下），即形成了微核。微核的折光率及细胞化学反应性质和主核一致，也具有合成DNA 的能力。虽然在正常的细胞中也可观察到微核，但各种理化因子，如辐射、化学药剂往往使一些细胞中产生微核。已经证实，微核率的高低与作用因子的剂量或辐射累积效应呈正相关，因此，微核检测已用于辐射损伤、辐射防护、化学诱变剂、新药试验、食品添加剂等的安全评价，以及染色体遗传病诊断等方面。

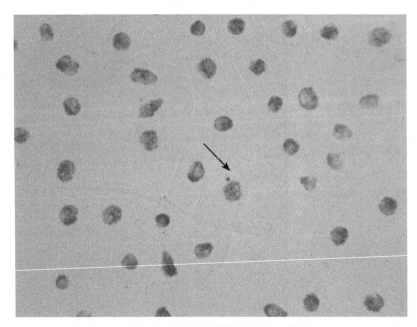

图 19-1 蚕豆根尖细胞中微核的形态（箭头）

20 世纪 70 年代，啮齿类动物骨髓细胞微核首先被用来测定怀疑有诱变活力的化合物，建立了微核测定方法。此后，微核测定逐渐从动物、人类扩展到植物领域。其中用一种原产于美洲的鸭跖草（*Tradescanlia paludosa*）建立的四分孢子期微核测定系统是较好的系统之一。20 世纪 80 年代以来，人们又建立了更为简便易行的蚕豆根尖细胞微核检测技术。

一、实验目的

1. 了解细胞微核形成的机理及其形态特点。
2. 学习蚕豆根尖细胞的微核检测技术。

二、实验材料

蚕豆（*Vicia faba*）。

三、仪器设备

显微镜，恒温培养箱，恒温水浴锅，手动计数器，镊子，载玻片及盖玻片。

四、药品试剂

盐酸，甲醇，冰醋酸，石炭酸品红，CrO_3，NaN_3（叠氮化钠），EMS（甲基磺酸乙酯）。

五、实验步骤

1. 浸种催芽：将实验用蚕豆按需要量放入盛有自来水的烧杯中，浸泡24h，此间至少换水两次。种子吸胀后，25℃催芽，经36~48h，大部分初生根长至1~2cm。

2. 用被检测溶液处理蚕豆根尖：每一处理选取6~8粒初生根生长良好的已萌发种子，放入盛有被测的培养皿中，被测液浸没根尖即可。阳性检测因子可采用 CrO_3、NaN_3、EMS，为加强阳性效果可适当加大浓度，如 1.0~2.5mol/L CrO_3、0.5~1.5mol/L NaN_3 和 150~200mmol/L EMS 溶液。另外可取一污水作被检液之一，用自来水（或蒸馏水）处理作对照。处理根尖12~24h，此时间也可视实验要求和被检液浓度而定。

3. 根尖细胞恢复培养：处理后的种子用自来水（或蒸馏水）浸洗3次，每次2~3min。洗净后再置入铺有湿润滤纸的瓷盘中，25℃下恢复培养22~24h。

4. 根尖细胞固定：将恢复培养后的种子，从根尖顶端切下长1cm左右的幼根，用甲醇-冰醋酸（3∶1）固定液固定24h。固定后的根尖如不及时制片，可换入70%的乙醇溶液中，置4℃冰箱中保存备用。

5. 酸解：用蒸馏水浸洗固定好的幼根两次，每次5min，吸净蒸馏水，加入6mol/L盐酸将幼根浸没，室温下酸解10min，幼根软化即可。

6. 染色：吸去盐酸，用蒸馏水浸没幼根3次，每次1~2min。最后浸于水中，制片前取出置载玻片上，截下1~2mm长的根尖，滴一滴石炭酸品红，染色5~8min，加一盖玻片，压片观察。

六、实验结果

首先在显微镜低倍镜下找到分生组织区细胞分散均匀,分裂相较多的部位,再转高倍镜观察。微核大小在主核 1/3 以下,并与主核分离,着色与主核一致或稍深,呈圆形或椭圆形。每一处理观察 3 个根尖,每个根尖计数 1 000 个细胞,统计其中含微核的细胞数,计算平均数,即为该处理的 MCN‰,即微核千分率,以此可作一个检测指标。

根据你的实验安排列表填出实验结果。

若进行污水检测,根据污染指数鉴定出你所测水样的污染程度,也可以计算被检化学药剂的污染指数。

$$污染指数(PI) = \frac{样品实测 MCN‰ 平均值}{对照组(标准水) MCN‰ 平均值}$$

污染指数在 0.50～1.50 区间基本没有污染;

1.51～2.00 区间为轻度污染;

2.01～3.50 区间为中度污染;

3.51 以上为重度污染。

七、思考题

1. 在蚕豆根尖细胞微核检测中,为什么要进行恢复培养?
2. 产生微核的根尖细胞在产生前的分裂中期可能出现什么样的中期分裂图像?

实验20 减数分裂的观察

减数分裂是一种特殊方式的细胞分裂，只发生在生殖细胞形成的过程中。减数分裂的特点是连续进行两次核分裂，而染色体仅复制一次，从而形成四个只含单倍数染色体的生殖细胞，经过受精之后，合子中的染色体数目又恢复到二倍体水平，因此它是维持大多数动植物品种染色体数目世代稳定传递的根本机制。另一方面，基因的分离、自由组合以及交换无不是通过减数分裂发生的，所以深入认识减数分裂对学习遗传学基本规律是极为重要的。

植物在花粉形成过程中，花药内的一些细胞分化成小孢子母细胞，即花粉母细胞（2n），每个花粉母细胞进行连续的两次细胞分裂，产生四个细胞，即具单倍体染色体数（n）的小孢子或花粉。动物的精细胞是在精巢由精母细胞经减数分裂形成。卵细胞则在卵巢由卵母细胞经减数分裂形成。

在适当时期采集植物花蕾或雄花序、动物精巢或卵巢，经固定，染色制片后，即可在显微镜下观察到减数分裂不同时期的染色体图像。

下面以百合（*Lilium brownii*）花粉母细胞减数分裂（图20-1）为例，对各期特征作一简要说明，在观察时，请注意实际图像与一般减数分裂模式图的差别。减数分裂分为下列各期。

减数分裂 I：

前期 I：减数分裂的特点之一就是前期 I 特别长，而且变化复杂。通常根据细胞核内结构变化特征又将这一时期分成几个分期，即细线期、偶线期、粗线期、双线期和终变期。

细线期：这是减数分裂的开始时期，染色质开始浓缩为细而长的细线状，且细线局部可见到念珠状颗粒，即染色粒。此时，虽然染色体已经复制，但在显微镜下还看不出结构上的二价性。

偶线期：其主要特点是同源染色体开始配对。染色体形态与细线期差别不大。在显微镜下不易与细线期绝对分开，但可根据其染色体分散状态及粗细变化判断其是靠近细线期还是趋于偶线期。

粗线期：染色体明显缩短变粗。这时同源染色体配对已完成，联会的两条同源染色体结合很紧密，以致结合的界限不易分清；在玉米，每个二价体的着丝点、异染色质区和核仁组织者区都可看清。

双线期：配对的同源染色体开始分离。由于同源染色体间发生过交换，此时可观察到交叉现象。此期染色体图像呈现纽花状。

终变期：由于交叉端化，二价体往往呈 X、O、V 形态，且显著收缩变粗，并向核周边移动，在核内较均匀地分散开。所以此期有利于染色体记数。

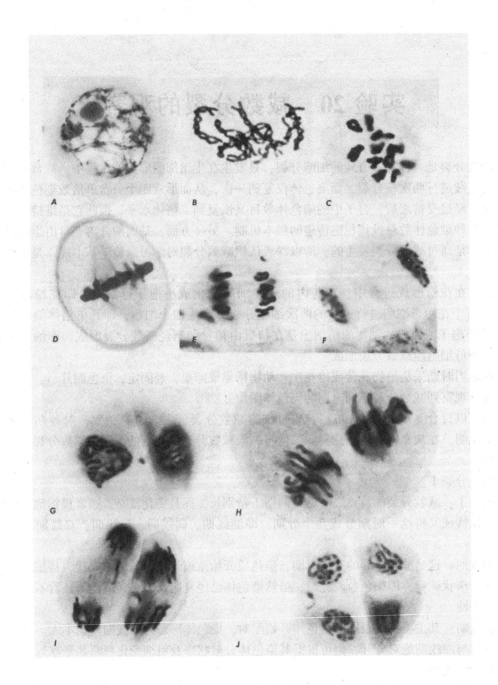

图 20-1 百合花粉母细胞减数分裂各时期

A. 偶线期；B. 双线期；C. 终变期；D. 中期Ⅰ；E. 后期Ⅰ；F. 末期Ⅰ；G. 前期Ⅱ；H. 中期Ⅱ；Ⅰ. 后期Ⅱ；J. 末期Ⅱ。

此外，花粉母细胞在整个前期Ⅰ都具有较大，较明显的核仁，这是前期的一个显著标志，进入中期核膜、核仁才开始消失。

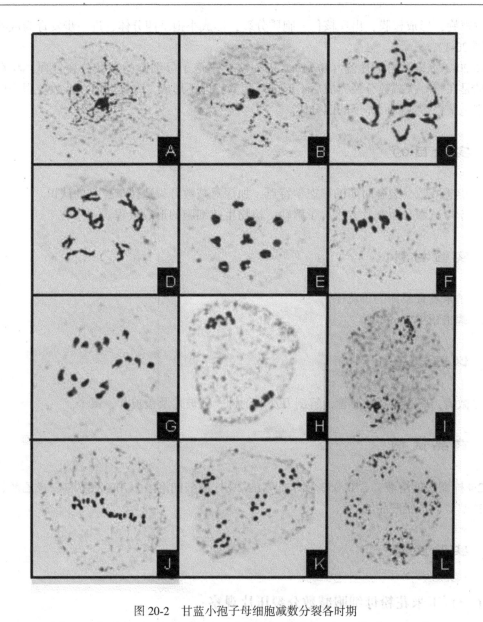

图 20-2　甘蓝小孢子母细胞减数分裂各时期

A. 细线期；B. 偶线期；C. 粗线期；D. 双线期；E. 终变期；F. 中期Ⅰ；G. 后期Ⅰ；H，Ⅰ. 末期Ⅰ；J. 中期Ⅱ；K. 后期Ⅱ；L. 末期Ⅱ。

中期Ⅰ：各个二价体排列在赤道面上，纺锤体形成。

后期Ⅰ：同源染色体分开，移向两极，每一极得到 n 条染色体，每一条染色体具两个姊妹染色单体。此时，染色体数目减半。

末期Ⅰ：染色体解螺旋，核膜重新形成，胞质分裂，成为二分体。此期较短，再经短暂的间期即进入减数分裂Ⅱ。

减数分裂Ⅱ：这一次分裂基本与普通有丝分裂相同，前期Ⅱ较短。中期Ⅱ染色体排列于赤道面，两条染色单体分开，着丝粒分裂，移向两极，末期Ⅱ两极各有 n 条染色体，染色体解螺旋，形成核膜，出现核仁，胞质分裂，形成小孢子四分体，进一步发育为成熟花粉（图 20-1）。

图 20-2 所显示的是甘蓝（Brassica oleracea）小孢子母细胞的减数分裂过程，与百合不同的是在第一次减数分裂完成后不形成细胞壁，即不形成二分体，而在减数分裂完成后产生细胞壁，形成四面体形的四分体。

一、实验目的

1. 熟悉减数分裂各时期的形态学特点，加深对减数分裂遗传学意义的认识。
2. 学习减数分裂制片方法，了解动、植物生殖细胞的形成过程。

二、实验材料

1. 玉米发育早期的雄花序。
2. 蝗虫精巢。

三、仪器设备

显微镜，离心机及离心管，解剖刀及解剖针，载玻片及盖玻片，镊子。

四、药品试剂

2%柠檬酸钠溶液，含 0.05%秋水仙素的 2%柠檬酸钠溶液，70%乙醇和 80%乙醇，甲醇，冰醋酸，石炭酸品红。

五、实验步骤

（一）玉米花粉母细胞减数分裂压片观察

1. 采集玉米不同花期的雄花序用新配置的甲醇-冰醋酸（3∶1）固定液固定 18~24h，然后保存于 70%酒精中，置 4℃冰箱备用。这样处理的材料可保存使用 2~3 年。
2. 取雄花序，根据经验，选取 0.5cm 左右长度的小花，用解剖针或镊子挑出花药（每一朵小花中有 3 个花药），选取约 0.2cm 长的花药，置于载玻片上。
3. 在花药上滴一滴石炭酸品红，然后用解剖针把每个花药截成几段，用镊子撕裂片段，尽可能多地挤出花药中的花粉母细胞。
4. 去除花药残渣，适当涂匀玻片，然后盖上盖玻片，垫一张滤纸，以拇指均匀按压（注意：不要滑动盖玻片），吸去多余染液，即可镜检观察。
5. 仔细观察，寻找减数分裂各期图像，熟悉各期特点。

(二) 蝗虫精巢精母细胞制片观察

1. 捕捉蝗虫：夏、秋季节在农田中及田埂上一般都可捕捉到蝗虫。
2. 用镊子夹住雄虫尾部向外拉，可见到一团黄色组织块，这就是精巢。剔除精巢上的其他组织，将其放到卡诺固定液（酒精：冰醋酸＝3：1）中固定2h，转入70%酒精溶液中，于4℃冰箱中保存备用。
3. 用解剖针从精巢中挑出精细管，放在载玻片上，加一滴石炭酸品红染液，染色5～10min后压片。
4. 仔细观察，寻找减数分裂各期图像，熟悉各期特点。

六、实验结果

制片完成后，仔细观察，根据减数分裂各期特点，在制片中找出处于各期的花粉母细胞或精母细胞，并绘图。

七、注意事项

1. 本次实验成功的关键是选取合适发育时期的植物花药或动物精巢。发育时期与花药或精巢大小有一定对应关系，通过若干次制片即可观察到减数分裂的不同时期。通常来说，一个花药（甚至一个小花中的不同花药）中的所有细胞的减数分裂过程是同步的。
2. 以往在染色体制片观察中常用醋酸洋红进行染色，这种染料可将染色体染成红色，以便进行观察，但同时会使细胞质着色，减低染色体与细胞质间的反差，而改良的石炭酸品红染液则可克服这一缺点。

八、思考题

结合观察减数分裂过程中染色体形态结构的变化，简述减数分裂过程中有哪些重要的遗传学事件发生。

实验 21　粗糙脉胞菌顺序四分子分析

粗糙脉胞菌（*Neurospora crassa*）属于真菌中的子囊菌纲，是进行顺序四分子分析的好材料。粗糙脉胞菌的菌丝体是单倍体（n=7），每一菌丝细胞中含有几十个细胞核。由菌丝顶端断裂形成的分生孢子有两种：小型分生孢子中含有一个核，大型分生孢子中含有几个核。分生孢子萌发成菌丝，可再生成分生孢子，周而复始，形成粗糙脉胞菌的无性生殖过程。

粗糙脉胞菌的菌株具有两种不同的接合型（mating type），用 A、a 或 mt^+、mt^- 表示。接合型是由一对等位基因控制的，并符合孟德尔分离定律。不同接合型菌株的细胞接合后可以进行有性生殖。

在有性生殖过程中，不同接合型的菌丝相接触，两核配对，但不融合，形成双核体，随着双核体菌丝的发育，子囊壳中形成很多伸长的囊状孢子囊，即子囊进行发育。在这些尚未成熟的子囊中即含有融合以后形成的二倍体合子。合子形成以后就很快在发育的子囊中进行减数分裂，形成 4 个孢子，再进行一次有丝分裂，形成 8 个单倍体的子囊孢子，而整个子囊壳就成为成熟的子囊果（图 21-1）。

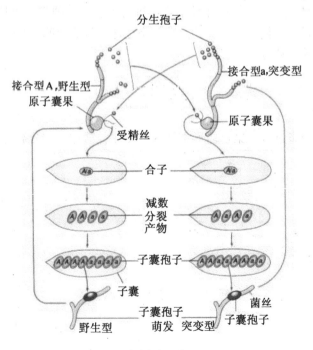

图 21-1　粗糙脉胞菌的生活史

粗糙脉胞菌的子囊孢子是单倍体，即它们是减数分裂的产物，由它萌发长出的菌丝也是单倍体。所以一对等位基因决定的性状在杂交子代中就可以看到分离。在粗糙脉胞菌中，一次减数分裂产物包含在一个子囊中，所以从一个子囊中的子囊孢子的性状特征就很容易直观地看到一次减数分裂所产生的四分体中一对等位基因的分离。而且8个子囊孢子是顺序排列在狭长形的子囊中，根据这一特征可以进行着丝粒作图，并发现基因转换（gene conversion）。如果两个亲代菌株有某一遗传性状的差异，那么杂交所形成的每一子囊，必定有4个子囊孢子属于一种类型，4个子囊孢子属于另一种类型，其分离比为1：1，且子囊孢子按一定顺序排列。如果这一对等位基因与子囊孢子的颜色或形状有关，那么在显微镜下可以直接观察到子囊孢子的不同排列方式（图21-2）。

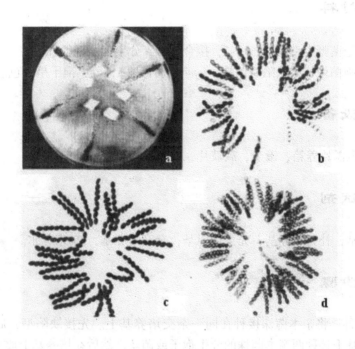

图21-2　粗糙脉胞菌的杂交及子囊孢子形态

本实验用赖氨酸缺陷型（Lys$^-$）与野生型（Lys$^+$）杂交，得到的子囊孢子分离为4个黑色的（+）和4个灰色的（-）。黑色孢子是野生型；而赖氨酸缺陷型孢子成熟迟，在野生型孢子成熟变黑时，还未变黑，而呈浅灰色。根据黑色孢子和灰色孢子在子囊中的排列顺序，可知合子在减数分裂时，基因 *Lys* 和着丝粒之间发生交换的情况，最终可有两大类型的子囊出现，即第一次分裂分离子囊和第二次分裂分离子囊。

第二次分裂分离子囊的出现，是由于有关的基因和着丝粒之间发生了一次交换的结果。即凡由第二次分裂分离形成的子囊为交换型子囊，而由第一次分裂分离形成的子囊为非交换型子囊。第二次分裂分离的子囊越多，则有关基因和着丝粒之间的距离越远。所以由第二次分裂分离子囊的频率可以计算某一基因和着丝粒之间的距离，称之为着丝粒距离。由于交换仅发生在二价体的四条染色单体中的两条之间，所以交换型子囊中仅有一半子囊孢子属于重组类型，因此可根据下列公式求出着丝粒与有关基因之间的重组值或图距：

$$重组值 = \frac{交换型子囊数 \times 1/2}{交换型子囊数 + 非交换型子囊数} \times 100\%$$

一、实验目的

1. 了解粗糙脉胞菌的生活周期及特性。
2. 学习解顺序四分子的遗传学分析方法，进行有关基因与着丝点距离的计算和作图。

二、实验材料

1. 粗糙脉胞菌野生型菌株，Lys^+，接合型 A，分生孢子呈粉红色。
2. 粗糙脉胞菌赖氨酸缺陷型菌株，Lys^-，接合型 a，分生孢子呈白色。

三、仪器设备

显微镜，恒温培养箱，镊子，载玻片，试管及培养皿。

四、药品试剂

基本培养基，补充培养基，完全培养基，杂交培养基，3%来苏尔。

五、实验步骤

1. 杂交接种：将亲本菌株接种在同一杂交培养基上。先接缺陷型，后接野生型，一次在杂交培养基上接种两亲本菌株的分生孢子或菌丝。然后在培养基上放入一灭菌的折叠滤纸，在试管上贴上标签，注明亲本、杂交日期及实验者姓名。

2. 培养：将试管放入 25℃ 温箱进行培养。5~7d 后就能看到许多棕色原子囊果出现，随后逐渐发育成熟，变大变黑，约 21d（3 周），就可在显微镜下观察。需要注意的是，赖氨酸缺陷型的子囊孢子成熟较迟，当野生型的子囊孢子已成熟变黑时，缺陷型的子囊孢子还呈灰色，因而我们能在显微镜下直接观察不同的子囊类型。如果观察时间选择不当就不能观察到好的结果。观察时间过早，孢子都未成熟，全为灰色；过迟都成熟了，全为黑色，都不能分清子囊类型。所以最好在子囊果发育至成熟大小，子囊壳开始变黑时，每日取几个子囊果压片观察，到合适时期置于 4~5℃ 冰箱条件下，保证在 3~4 周内观察就行。

3. 压片观察：将附有子囊果的滤纸条放入 3%来苏尔溶液 10min，杀死孢子，以防止污染实验室。取一载玻片，滴 1~2 滴 3%来苏尔溶液，然后用接种针挑出子囊果放在载玻片上，盖上另一载玻片，用手指压片，将子囊果压破，置显微镜低倍镜下观察，即可见一个子囊果中会散出 30~40 个子囊。观察子囊孢子的排列情况。这里用载玻片盖上压片而不用盖玻片，是因为子囊果很硬，盖玻片易破裂。此过程不需无菌操作，但要注意不能使分生孢子散出，以致不能分辨子囊类型。观察过的载玻片，用过的镊子和解剖针等物都需放入来苏尔溶液中浸泡后取出洗净，以防止污染实验室。

六、实验结果

1. 观察一定数目的子囊果，记录每个杂交型完整子囊的类型，并计算出 Lys 基因与着丝粒间的距离。

子囊类型	孢子排列方式	分离类型	观察数	合计
1	++++----	第一次分裂分离		
2	----++++			
3	++--++--	第二次分裂分离		
4	--++--++			
5	++----++			
6	--++++--			

2. 有时会观察到下表所示的子囊类型，除第一种 4∶4 的异常排列可能是减数分裂时纺锤体的重叠造成的第 4、第 5 孢子的位置互换外，其他类型很可能是由基因转换（geneconversion）造成的。

子囊中孢子的排列								+∶-
1	2	3	4	5	6	7	8	
-	-	-	+	-	+	+	+	4∶4
-	-	+	-	+	+	+	+	5∶3
+	+	+	+	-	-	+	+	5∶3
+	+	+	+	-	-	-	+	5∶3
+	+	+	-	-	-	+	+	6∶2
+	+	-	+	-	+	+	+	6∶2
+	+	+	+	+	+	-	-	6∶2
-	-	-	-	+	+	-	-	2∶6

因此，在进行粗糙脉胞菌四分子分析时，一定要保证杂交成功，密切关注子囊孢子发育情况，并认真分析所观察到的子囊孢子排列类型。

实验 22　紫外线对枯草芽孢杆菌的诱变效应

基因突变是生物体内普遍存在的现象。它可分为自发突变和诱发突变。前者指未经人为使用诱变剂处理而产生的突变，后者则是人们有意识地使用诱变剂处理而获得的突变。这两种突变都是由于碱基的增加、缺失或置换等而引起的，其本质没有差别，不同的是诱发突变的频率高于自发突变。许多物理因素、化学因素和生物因素对微生物都有诱变作用。这些能诱发微生物发生突变的因素称为诱变剂。

紫外线（ultraviolet light，UV）、X射线以及热等物理因素是引起碱基发生变化的重要诱变剂，其中以紫外线最为常用。根据波长将紫外线分为 UVA、UVB 和 UVC 三种，其波长分别为 320～400 nm、280～320nm、100～280nm，但对诱变有效的范围仅是 200～300nm，其中以 260nm 左右效果最好。紫外线的主要作用是使 DNA 双链之间或同一条链上两个相邻的胸腺嘧啶形成二聚体，阻碍双链的分开、复制和碱基的正常配对，从而引起突变。紫外辐射引起的 DNA 损伤可由光复活酶的作用进行修复，使胸腺嘧啶二聚体解开恢复原状。为了避免光复活，紫外辐射微生物时以及辐射后的操作应在红灯下进行，经紫外辐射的微生物应置在暗处培养。

本实验以紫外线作为单因子诱变剂处理产生淀粉酶的枯草芽孢杆菌 BF7658，根据试验菌株诱变后在淀粉培养基上形成透明圈直径的大小确定其诱变效果。一般来说，透明圈直径越大，产淀粉酶的能力越强。

一、实验目的

1. 掌握物理因子诱发微生物和筛选突变株的基本技术。
2. 了解获得淀粉酶高产菌株的简便方法。

二、实验材料

菌株：枯草芽孢杆菌（*Bacillus subtilis*）BF7658。

三、仪器设备

台式离心机，振荡混合器，磁力搅拌器，紫外灯，显微镜，血球计数板，培养皿（Φ6cm、Φ9cm）与玻璃涂棒，试管与吸管。

四、药品试剂

营养肉汤培养基（NA 培养基），淀粉培养基，碘液，无菌生理盐水。

五、实验步骤

1. 取枯草芽孢杆菌 BF7658 斜面一支，用接种环挑取少许菌苔，接于 5mlBN 培养液中，置 37℃振荡培养（200r/min）10~12h。

2. 将上述培养物离心（4 000r/min，10min），去上清液；用无菌生理盐水将菌体洗涤 2~3 次，制成菌悬液。

3. 用显微镜及血球计数板直接计数法计数，调整细胞密度为 10^8 个/ml。

4. 将淀粉琼脂培养基熔化，倒平板 27 套，凝固后备用。

5. 将紫外灯（15W）开关打开预热 20min。

6. 取直径 6cm 的无菌培养皿 2 套，各加入上述调整好细胞密度的菌悬液 3ml，并放入无菌搅拌棒或大头针。

7. 将上述 2 套盛有菌悬液的培养皿分别放在磁力搅拌器上，启动搅拌；然后打开皿盖，在距紫外灯 30cm 处分别照射。其中一皿辐射 1min，另一皿辐射 3min，最后盖上皿盖，关闭紫外灯。

8. 将经紫外线照射的菌悬液用无菌生理盐水稀释至 10^{-6}。

9. 分别取 10^{-4}、10^{-5}、10^{-6} 三种稀释液涂布平板，每个稀释度涂平板 3 皿，每皿加稀释菌液 0.1ml，再用无菌玻璃棒将菌液均匀涂布在平板上。同时，按同样的程序取未经紫外线处理的菌液稀释，涂布平板作为对照。

10. 将涂布均匀的平板用黑布或黑纸包好；置 37℃培养 24h。

11. 取出平板，统计平板上菌落形成单位数（CFU），确定经紫外辐射后每毫升原始菌液中的活菌数，并计算出紫外辐射后细胞的存活率及致死率。

$$存活率(\%) = \frac{紫外辐射后每毫升菌液中的活菌数}{对照样品中每毫升细胞数} \times 100\%$$

$$致死率(\%) = \frac{对照样品中每毫升细胞数 - 紫外辐射后每毫升菌液中活菌数}{对照样品中每毫升细胞数} \times 100\%$$

12. 挑选经紫外辐射且菌落只有 5~6 个左右的平板观察诱变效果。分别向平板内加入碘液数滴，使菌落周围出现透明圈。根据透明圈的直径计算其比值（HC 比值）。与对照平板相比较，确定诱变效应，并选取 HC 比值大的菌落接种在试管斜面上进行培养，培养好斜面菌种待复筛用。

六、实验结果

1. 将紫外线诱变的实验结果填入表 22-1 中。

表 22-1　　　　　　　　紫外辐射枯草芽孢杆菌致死效应

辐射时间	10^{-4}	10^{-5}	10^{-6}	存活率（%）	致死率（%）
1min					
3min					
0（对照）					

2. 观察诱变效果，将结果填入表 22-2 中。

表 22-2　　　　枯草芽孢杆菌诱变后出现的透明圈大小（Φcm）的比较

	1	2	3	4	5	6	……
UV 诱变							
对　照							

七、注意事项

1. 紫外线照射时间从打开培养皿开始计时，直至盖上培养皿盖。

2. 紫外线照射操作应先启动磁力搅拌器，再打开培养皿盖进行照射。操作者应戴上墨镜（或玻璃镜）和手套，以避免紫外线辐射伤害眼睛或皮肤。

3. 紫外线照射后稀释涂布，直至将平板用黑布或黑纸包裹等操作均应在红灯下进行。

八、思考题

1. 紫外诱变过程中为什么要边搅拌边照射？

2. 我国第 17 颗科学卫星上搭载的糖化酶生产菌株黑曲霉 T101 经 15d 太空"旅行"后产生较大变异，科研人员成功地选育出糖化酶活力比地面菌株高出 20%~30%的菌株。你认为可能的诱变因素是什么？

实验 23　亚硝基胍的诱变作用与营养缺陷型菌株的筛选

从自然界得到的野生型菌株一般都能在基本培养基上生长。经物理或化学因子处理后，部分野生型细胞的基因发生突变，丧失合成某种必需物质（如氨基酸、维生素、碱基等）的能力，因而不能在基本培养基中生长，只有在基本培养基中补加这种物质时才能生长。这种在营养上表现出某种缺陷的变异菌株，称为营养缺陷型菌株，它是遗传学、分子生物学研究以及实际应用中不可缺少的重要材料。

亚硝基胍（NG、NTG）是一种广泛使用的强诱变剂。它主要在 DNA 链的复制区引起 GC→AT 的转换，即使在致死率很低的条件下也能对微生物产生高频率的突变。

本实验利用亚硝基胍对谷氨酸棒杆菌进行诱变后，通过点种法检测出营养缺陷型，再经生长谱法进行鉴定，获取营养缺陷型菌株，并确定其营养缺陷的具体物质。

一、实验目的

1. 掌握化学因子诱变处理微生物以及筛选营养缺陷型的基本技术。
2. 了解利用生长谱法有效确定微生物营养缺陷的物质。

二、实验材料

菌株：谷氨酸棒杆菌（*Corynebacterium glutamicum*）T-13：bio$^-$

三、仪器设备

恒温培养箱，振荡器，三角瓶，试管，吸管，影印板，牙签。

四、药品试剂

CB 培养液（5ml/大试管），CB 固体培养基（250ml/500ml 三角瓶），CB 斜面（每支 10×100mm 的试管加入 2.5ml 培养基），CB 半固体培养基（50ml/150ml 三角瓶），MM 培养基（250ml/500ml 三角瓶），MM 斜面（每支 10×100mm 的试管加入 2.5ml 培养基）（本实验 MM 培养基要加生物素），0.1mol/L 柠檬酸缓冲液（pH5.5），0.1mol/L 磷酸缓冲液

(pH7.0),生理盐水（4.5ml/大试管）20支，亚硝基胍（使用浓度为0.1mol/L，pH5.5的柠檬酸缓冲液配制，贮藏浓度为2mg/ml），混合氨基酸（用21种等量的氨基酸混合而成），混合维生素（用10种等量的维生素混合而成），碱基混合物（用6种等量的碱基混合而成）。

五、实验步骤

（一）诱变处理

1. 菌悬液的制备

挑取少许斜面菌种接入5mlCB培养液中，置30℃振荡（200r/min）培养8h，取0.5ml培养物转入另一5mlCB培养液中，继续振荡培养过夜。

取过夜培养物经4 000r/min离心8min，弃去上清液；先加入1ml的柠檬酸缓冲液（pH5.5）于离心管中搅匀沉淀物，再加4ml同样的缓冲液制成菌悬液；经4 000r/min离心8min，如此反复将菌体洗涤两次，最后加入5ml上述缓冲液制成菌悬液（约10^8个/ml）。

2. 亚硝基胍诱变处理

取2支无菌小试管分别加入2ml菌悬液，置37℃水浴预热。其中一支小心地加入50μlNTG溶液（原始浓度为2mg/ml），混合均匀，将两支试管同时置37℃水浴保温30min。

取出两支保温的试管经4 000r/min离心8min，小心弃去上清液（上清液放在盛有1mol/LNaOH溶液的器皿中，切勿将含有NTG的上清液滴在皮肤或衣物上），分别加入5ml磷酸缓冲液（pH7.0）制成菌悬浮液，再离心8min，如此反复洗涤两次，最后加入2ml磷酸缓冲液制成菌悬液。

分别取2种菌悬液各0.5ml按10倍稀释法将菌悬液稀释至10^{-6}，分别取10^{-4}，10^{-5}和10^{-6}稀释液涂布在CB平板上，每稀释度涂布9皿；同样取未经诱变处理的菌液稀释后每稀释度涂布3皿作为对照；置30℃培养2d。统计平板上的CFU数，计算杀菌率。平板上的菌落将用于检出的菌落。

（二）营养缺陷型的检出

1. 点种法

取基本培养基（MM）和完全培养基（CB）平板，用记号笔在平板底部做相对应的标记（即一套MM平板和一套CB平板相对应）。将事先已编号的格子纸（见图23-1）分别放在对应平板的底部。用无菌牙签小心地在待测菌落表面蘸取少许菌苔，分别点在MM和CB平板对应位置上（先点MM平板，后点CB平板。尽可能多挑选菌落），置30℃培养2d。

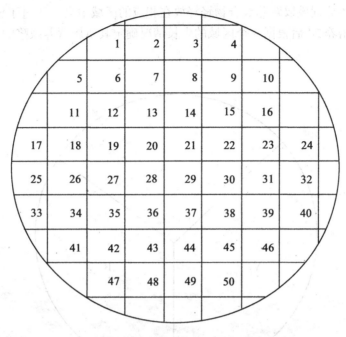

图 23-1 平板底部点种分格图

2. 影印法

取 MM、CB 平板各 1 皿，在平板底部画箭头作为方向标记。选择菌落分散的平板作为母平板，同样标记方向，无菌影印板上也做方向标记。

按标记的方向将母平板倒放在影印板的绒布上，然后取出影印板，按同样的方法将 MM 平板倒放在影印板上，取下 MM 平板，同样将影印板上的细胞印在 CB 平板上。成对的影印平板置 30℃ 培养 2d。

3. 夹层法

取无菌培养皿 3 皿，各倒一薄层（约 5ml）MM 培养基，凝固后加入 0.1ml 经诱变处理的 10^{-5} 稀释菌液，再倒入约 5ml 的 MM 培养基（熔化后稍冷，不烫手即可，温度约 45℃），摇匀，待凝固后再加上一层约 5ml 的 MM 培养基，凝固后置 30℃ 培养 2d。

在上述平板底部将长出的菌落做上记号，统计其菌落数，再加上一层约 5ml 的半固体 CB 培养基，置 30℃ 培养 2d。

上述三种方法中，在 MM 培养基上不能生长，而在 CB 平板上相对应位置生长的菌落需要进一步复证是否为真正的营养缺陷型。将这些可能为缺陷型的菌落编号，分别对应接种在 MM 斜面和 CB 斜面上，置 30℃ 培养 2d。将在 MM 斜面上不长，而在 CB 斜面上生长的菌种保存，供进一步鉴定用。

（三）营养缺陷型的鉴定

1. 初步测定

轻轻挑取一环待测菌种于 0.5ml 生理盐水中，振荡制成菌悬液。取 0.1ml 上述菌悬液均匀涂布在 MM 平板上。待干后在平板底部按图 23-2 分成三个区域，并分别标上 A、V 和 B。用无菌牙签分别挑取营养混合物轻轻放在相应的区域中央（不过于偏向平板中央或边缘），置 30℃ 培养 2d 后根据三个区域的生长情况确定其所属营养缺陷的类别。

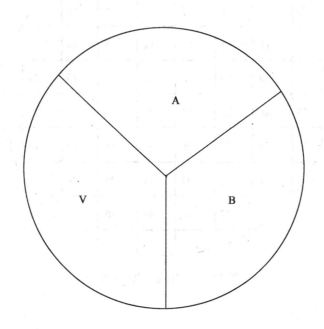

图 23-2　初步鉴定补加营养物质分区图
A：示氨基酸混合物；V：示维生素混合物；B：示碱基混合物。

2. 准确鉴定

按上述方法将初步测定的缺陷型菌株制成菌悬液，涂布在 MM 平板上。在平板底部划分区域（划分的区域数和需添加的生长因素编组数相同）。按区域对应地加入少许编组营养物质混合物，置 30℃ 培养 2d 后观察结果。

营养物质编组设计根据营养物质的种类可编成不同的组。详细编组设计见表 23-1、表 23-2 和表 23-3。表中阿拉伯数字为组别，大写英文字母分别代表某种营养物质。

表 23-1　　　　　　　　　测定 10 种不同营养物质的编组设计

组　别	营养物质的组合			
1	A	B	C	D
2	E	B	F	G
3	H	C	F	I
4	J	D	G	I

表 23-2　　　　　　　　　测定 15 种不同营养物质的编组设计

组　别	营养物质的组合				
1	A	B	C	D	E
2	F	B	G	H	I
3	J	C	G	K	L
4	M	D	H	K	N
5	O	E	I	L	N

表 23-3　　　　　　　　　测定 21 种不同营养物质的编组设计

组　别	营养物质的组合					
1	A	B	C	D	E	F
2	G	B	H	I	J	K
3	L	C	H	M	N	O
4	P	D	I	M	Q	R
5	S	E	J	N	Q	T
6	U	F	K	O	R	T

六、实验结果

1. 比较观察 NTG 诱变剂处理和对照平板上生长的菌落情况，将实验结果填入表 23-4。

表 23-4　　　　　　　　NTG 诱变剂对谷氨酸棒杆菌的致死效果

| 样品 | 稀释度 | 菌落数/皿 | 菌落数/皿 | 菌落数/皿 | 菌落数/皿 | CFUs/ml | 杀菌率（%） |
		1	2	3			
NTG 处理	10^{-4}						
	10^{-5}						
	10^{-6}						
对照	10^{-4}						
	10^{-5}						
	10^{-6}						

2. 将营养缺陷型菌株初步鉴定的结果填入表 23-5。

表 23-5　　　　　　　　　　营养缺陷型菌株初步鉴定的结果

营养缺陷类型	营养缺陷型菌株编号							
	1#	2#	3#	4#	5#	6#	7#	……
氨基酸								
维生素								
碱 基								

注：在相应区域生长用"+"表示，不生长用"−"表示。

3. 将营养缺陷菌株准确鉴定的结果填入表 23-6。

表 23-6　　　　　　　　　　营养缺陷型菌株准确鉴定结果

菌株编号						
菌株生长区						
营养缺陷类型						

注：在相应区域生长用"+"表示，不生长用"−"表示。

七、注意事项

1. 将接触过亚硝基胍的所有器具放在通风处，用 1mol/L NaOH 溶液浸泡，使残余的亚硝基胍分解破坏，然后用水清洗干净。

2. 影印和鉴定缺陷型菌株时，MM 和 CB 培养基上的生长情况要及时对照观察，以免影响结果判断的准确性。

3. 初步鉴定和准确鉴定时菌液细胞密度可略高，能使待测菌均匀地分布在培养基表面。

八、思考题

1. 如果一个菌株是氨基酸和维生素的双重缺陷型，初步鉴定时平板上会表现出怎样的状态？

2. 一个待测菌株在初步鉴定时为氨基酸缺陷型，但在准确的氨基酸组合区域均不生长。如何分析这种现象？怎样才能确定其营养缺陷型？

实验 24 细菌的接合作用与基因转移

大肠杆菌的染色体呈环状，高频重组细菌（Hfr）的染色体上整合有 F 因子，不同的 Hfr 菌株中其 F 因子的整合位置不尽相同。Hfr 细菌和 F⁻ 细菌的接触可导致两种细胞的接合，Hfr 细菌的染色体向 F⁻ 细菌转移。染色体转移从 F 因子的末端开始，在转移过程中可以随时发生中断，因此接合后的 F⁻ 细菌虽然接受了 Hfr 细菌的某些基因，但一般不能接受致育因子 F 而成为 Hfr 或 F⁺ 状态。由于染色体的转移具有方向性，处在细菌 Hfr 前端的基因有更多的机会在 F⁻ 细菌中出现，反之后端的基因出现的机会愈小。因此，可根据接合后 F⁻ 细菌中 Hfr 细菌基因出现的多少，知道这些基因转移的先后顺序，也就是说通过这种方式可以测定 Hfr 细菌染色体上各个基因的位置。

F⁻ 细菌中不出现 Hfr 细菌基因的原因可能是在 Hfr 细菌中这一基因的位置远离转移的起点，也可能是由于 F⁻ 细菌并没有与 Hfr 细菌接合。因此，本实验所观察的并不是所有 F⁻ 细胞是否含有 Hfr 细菌的基因，而是确实已经发生接合作用的 F⁻ 细菌中的 Hfr 的基因。换句话说，首先从 Hfr 和 F⁻ 的混合培养物中筛选 Hfr 细菌的某一基因和 F⁻ 的某个基因（这两个基因称为选择性标记）已经发生重组的细菌，然后在这些重组子中逐个测定其他来自 Hfr 细菌的基因（非选择性标记）的出现。选择性标记以 100% 频率出现在重组子中，而选择性标记则以染色体前端必然先进入 F⁻ 细菌中，它的出现频率也是 100%。只有处在 Hfr 细菌染色体后面的基因才会以不同的频率出现在 F⁻ 细胞中，因此 Hfr 细菌的选择性标记应在染色体的前端。由于重组发生在 F⁻ 细胞中，为了排除 Hfr 细菌的生长，F⁻ 的选择性标记要能起排除 Hfr 细菌的作用（即反选择作用）。

本实验采用 F⁻ 细菌的链霉素抗性标记作为反选择标记，Hfr 细菌对链霉素敏感。同时，为了保证 Hfr 细菌基因有均等的机会在 F⁻ 细胞中出现，这种反选择标记应在染色体的后端。

本实验测定的是 Hfr 细菌染色体的行为，所以 F⁻ 细菌应过量为宜（例如 20∶1），这样可以保证每个 Hfr 细胞有相同的机会与 F⁻ 细胞接合，使实验数据有较好的重复性。

一、实验目的

1. 了解细菌通过结合作用实现基因转移的原理和方法。
2. 掌握检测基因转移的设计和操作技术。

二、实验材料

菌株：

供体菌：*Escherichia coli* CSH60：Hfr sup

受体菌：*E. coli* FD1004：F$^-$ *leu purE try his metA ilv arg thi ara lacY xyI mtl gal* T6^r *rif* *str*^{r}

三、仪器设备

恒温培养箱，移液管，150ml 三角瓶，牙签，培养皿。

四、药品试剂

LB 培养液（5ml/大试管）4 支，无菌生理盐水（4.5ml/大试管）2 支，A 组合的选择性固体培养基 11 皿，BH 组合的选择性固体培养基各 5 皿。

五、实验步骤

1. 将供体菌和受体菌分别接入 5ml LB 培养液中，置 37℃振荡培养过夜。
2. 将培养过夜的供体菌和受体菌分别按 1：100 的比例转入新鲜的 5ml LB 液中，37℃振荡培养 2~3h，吸 0.2ml 供体菌液和 4ml 受体菌液于 150ml 无菌空三角瓶中混合均匀后，置 37℃水浴中保温（中间轻轻摇动几次）100min，然后用无菌生理盐水稀释混合物至 10^{-2}。取 10^0，10^{-1} 和 10^{-2} 稀释液各 0.1ml 分别涂布在含链霉素但不加甲硫氨酸和亮氨酸的选择性平板上，每稀释度涂布三皿。同时将供体菌液和受体菌液各取 0.1ml 涂布在同样的选择性培养基上作为对照，置 37℃培养 1~2d。
3. 记录在选择性培养基上长出的菌落，同时与对照平板进行比较。然后将混合后在选择培养基上的菌落用无菌牙签挑取 200 个分别点种在不同选择性平板上（见表 24-1），每皿点 50 个（点种分格见图 23-1），置 37℃培养 1~2d。
4. 观察各种组合的培养基上菌落的生长情况，把每个菌落的表型记录下来。然后将不同类型的重组子进行归类，计算和比较不同基因的重组频率，绘制每个基因在大肠杆菌染色体上排列顺序图即染色体图。

表 24-1　　　　　　　各种选择性的主要组合培养基的组合

培养基类型	选择性标记	碳源	str	rif	arg	Ilv	met	leu	ade	trp	his
A	met leu str	葡萄糖	+	−	+	+	−	−	+	+	+
B	met leu str+arg	葡萄糖	+	−	−	+	−	−	+	+	+
C	met leu str+ade	葡萄糖	+	−	+	+	−	−	−	+	+
D	met leu str+trp	葡萄糖	+	−	+	+	−	−	+	−	+
E	met leu str+his	葡萄糖	+	−	+	+	−	−	+	+	−
F	met leu str+lac	乳糖	+	−	+	+	−	−	+	+	+
G	met leu str+gal	半乳糖	+	−	+	+	−	−	+	+	+
H	met leu str+rif	葡萄糖	+	+	+	+	−	−	+	+	+

注：表中"+"表示选择性培养基中加有此类物质，"−"表示没有加入此类物质。

六、实验结果

1. 将观察的结果按菌落编号填入表 24-2。

表 24-2　　　　　　　　不同菌株在各类选择性平板上生长情况

菌落号	乳糖	半乳糖	利福平	精氨酸	腺嘌呤	色氨酸	组氨酸
1							
2							
3							
4							
5							
6							
…							
…							
200							
总数							

注:"+"示生长,"-"示不生长。

2. 根据不同标记出现的频率进行统计后确定其顺序,出现最多的标记排在前面,反之亦然。本实验主要是比较并分析不同菌株接受供体菌染色体 DNA 转移的片段大小及基因的先后顺序。
3. 绘制出这些基因在染色体上排列的顺序图。

七、注意事项

1. 将供体菌液与受体菌液混合后置 37℃ 轻轻地摇动,不宜摇动过猛。
2. 用牙签挑取菌苔点种在选择性培养基上时不要将前者的营养成分带入随后的培养基中。否则,将会造成混乱,无法分析结果。

八、思考题

1. Hfr 菌液和 F⁻ 菌液混合均匀后,为什么要轻轻摇动而又不宜太猛烈?
2. 根据自己的实验结果可以确定 Hfr 菌株染色体上基因的顺序,但仔细观察你会发现挑选的极少数菌落点种在选择性平板上的生长情况与基因排列顺序不一致。解释其原因。

实验 25 大肠杆菌质粒 DNA 的转化

一种细菌的 DNA 被导入另一细菌使后者的遗传性状发生改变，这个过程称为转化。通过转化获得的转化细胞称为转化子。大肠杆菌是基因工程中最常用的受体菌。另一方面，基因工程中许多质粒载体又来自于大肠杆菌。因此了解大肠杆菌的转化过程是十分有用的。本实验将来自大肠杆菌的质粒 DNA 导入大肠杆菌细胞，检测转化子。

将对数生长早中期的大肠杆菌细胞用一定浓度的 $CaCl_2$ 溶液处理，再经短时间的热休克处理出现一种易于吸收外源 DNA 的生理状态，即为感受态。外源 DNA 进入感受态细胞，并在宿主细胞中复制与表达。质粒 pUC18 带有氨苄青霉素和四环素的抗性基因，因此在培养基中加入氨苄青霉素和四环素可方便地检测出转化子。

一、实验目的

1. 掌握质粒 DNA 转化的基本技术。
2. 学会制备感受态细胞，进一步理解不同生长时期的细胞生理状态的差异。

二、实验材料

菌株：
　　供体菌：*Escherichia coli* C600/pUC18
　　受体菌：*E. coli* DH5α
　　质粒 DNA：pUC18

三、仪器设备

恒温水溶锅，分光光度，冷冻离心机，移液管，培养皿，试管。

四、药品试剂

LB 平板 48 皿，LB 培养液 70ml，含 Ap、Tc 的 LB 平板 11 皿，SOB 培养基（固体、液体），SOC 培养基。

五、实验结果

（一）感受态细胞的制备

1. 从受体菌平板上挑取 4~5 个菌落转移到 1ml SOB（含 20mmol/L MgSO$_4$）中，中速振荡使细胞分散均匀，然后按 1∶100 的比例转入 10ml SOB（含 20mmol/L MgSO$_4$）中，置 37℃振荡培养 2.5~3h。
2. 将对数生长期早期（OD$_{600}$≈0.4）的培养物转入一个无菌预冷的离心管中，冰水中静置 10min。
3. 冷却的培养液经 4℃，3 000×g 离心 10min。
4. 弃上清液，将离心管倒置 1min，使残留的培养液除尽。
5. 用 2ml 预冷的转化缓冲液（TFB 或 FSB）将沉淀物制成菌悬浮液，冰浴 10min。
6. 再经 4℃，3000×g 离心 10min。
7. 去上清液，同样将离心管倒置 1min，除尽培养液。
8. 取 1.25ml 预冷 TFB 或 FSB 轻轻振荡，制成菌悬浮液。
9. 取 140ml DNA 液加入于菌悬浮液中，轻轻混匀，冰浴 15min，再加入 140μl DNA 溶液，同样混匀后冰浴 15min，即为感受态细胞。
10. 将制备好的感受态细胞小份量（50~200μl）分装在 1.5ml 的无菌 Eppendorf 管中，当时需使用的感受态细胞放置冰水中待用，剩余的菌液加入无菌甘油（终浓度为 20%~30%），逐渐降温，最后置-70℃保存备用。

（二）转化

1. 将待转化的 DNA 样品小心吸取适量加入感受态细胞液中（50μl 感受态细胞需 25ng DNA，体积不宜超过感受细胞的 5%），轻轻混合。同样以只有感受态细胞而不加转化 DNA 作对照。同时冰浴 30min。
2. 将冰浴中的样品管在 42℃水浴锅中静置 90s（准确计时），然后迅速转入冰水中静置 1~2min。
3. 每支样品管中加入 800μl SOC 培养液，混匀后将所有样品小心转入无菌试管中，置 37℃振荡 45min。
4. 将上述转化细胞（直径为 9cm 的培养皿加 200μl）涂布在含有相应抗生素和 MgSO$_4$（20mmol/L）的 SOB 平板上，同时涂布不含抗生素的 SOD 平板作对照，置 37℃培养，培养时间不超过 20h。
5. 观察转化和对照平板上菌落生长情况，统计菌落数并计算转化频率。

六、实验结果

1. 将实验结果填入表 25-1 中，按以下公式算出转化频率：

$$转化频率 = 转化子总数 / \mu g\ DNA$$

表 25-1　　　　　　　　大肠杆菌质粒 DNA 转化结果

实验组别	稀释度	菌落数/皿		每毫升感受细胞		转化频率 (%)
		含抗生素	不含抗生素	转化子数	DNA 量（μg）	
转化组						
对照组						

七、注意事项

1. 感受态细胞的制备严格无菌操作，细胞尽可能保持低温状态。

2. 如果用氨苄青霉素为选择性标记，涂布时细胞密度不宜太高，每皿（Φ9cm）出现的菌落数不超过 10^4 个。细胞密度或培养时间过长，会导致出现对氨苄青霉素敏感的菌落。

八、思考题

1. 在制备感受态细胞的过程中为什么要求细胞尽可能保持低温操作？
2. 试述影响细菌转化效果的因素。

实验 26　P_1 噬菌体的普遍性转导

以噬菌体为媒介将一个细胞的遗传物质传递给另一细胞的过程称为转导。许多温和噬菌体可用于转导研究。转导分为普遍性（完全）转导和局限性（专一性）转导，前者几乎能转导寄主细菌的任何一个基因，而后者只能转导寄主细菌的少数基因。

普遍性转导噬菌体 P_1 的外壳中几乎只包装着寄主细菌的染色体片段。P_1 噬菌体的 DNA 分子量为 $5.8×10^7$U，大约相当于大肠杆菌染色体的 2%。大肠杆菌染色体的全长为 100min，因此 P_1 噬菌体外壳中包装的 DNA 片段上可以带有相距 2min 范围内的寄主基因，不大可能带有更大的 DNA 片段。在包装过程中，可以想象宿主染色体的断裂是随机的，所以两个基因相距愈近，并发转导几率愈高，反之并发转导几率愈低。并发转导频率可以通过公式 $(1-d/L)^3$ 计算出。公式中 d 是以分钟计算的两个基因之间的距离，L 是以分钟计算的转导 DNA 长度（2min）。

采用其他方法测定基因并发转导实验结果表明：两个基因相距 0.5min 时，并发转导频率为 35%~95%，相距 1min 时并发转导频率为 4%~26%，相距 1.5~1.8min 时则并发转导频率低于 1%。因此，利用并发转导可以进行两个相距很近的基因定位工作，也可以用来进行基因精细结构分析。位置非常接近的一系列拟等位突变位点也可以通过并发转导测定它们的排列顺序。

由于转导频率很低，一般只有 10^{-5}~10^{-4}，因此常用的方法是选取某一选择性标记的转导子，然后测定另一基因出现的频率，根据并发转导频率确定它们之间的连锁关系。

本实验所用的转导噬菌体是 P_1cml、chr100。这种噬菌体带有从 R 因子易位过来的 Tn9（氯霉素抗性，cml），在 42℃培养时能形成透明的噬菌斑（chr），而在 32℃培养时则形成混浊的噬菌斑。使用这种噬菌体进行研究具有以下优越性：①在含氯霉素的培养基上能很容易地获得带有该噬菌体的溶原菌；②溶原菌经 42℃高温诱导可以释放 P_1 噬菌体，从而可以制得高滴定度的裂解液，因此只要保存溶原菌而不必保存 P_1 噬菌体裂解液。

本实验内容包括 P_1 噬菌体裂解液的制备；裂解液效价的滴定；利用 P_1 噬菌体进行普遍性转导；由 *lac* 和 *T6* 这两个基因的并发转导计算它们的图距。

一、实验目的

1. 掌握 P_1 噬菌体效价测定及其转导分析基本方法。
2. 学会用并发转导测定两个基因的距离。

二、实验材料

菌株：

受体菌：大肠杆菌（*Escherichia coli*）CSH：F⁻ *trp lacZ str A thi*
供体菌：大肠杆菌（*E. colii*）FD1009：Hfr *sup T6ʳ*

噬菌体：

P_1 cml，chr100 裂解液

T6 裂解液

三、仪器设备

台式离心机，恒温培养箱，小试管，大试管，移液管，培养皿。

四、药品试剂

LB 培养液（5ml/试管）8 支，LB 固体培养基 15 皿，LB 半固体培养基（4.5ml/支）11 支，乳糖色氨酸基本培养基 8 皿，葡萄糖基本培养基 5 皿，葡萄糖色氨酸基本培养基 6 皿，生理盐水（4.5ml/试管）9 支，0.1mol/L$CaCl_2$，氯仿。

五、实验步骤

（一）P_1cml，chr 100 裂解液的制备

1. 将供体菌接入 5ml LB 液体中，30℃振荡培养过夜。

2. 将培养过夜的供体菌液按 1∶5 比例转入另外新鲜的 5ml LB 液中，30℃振荡培养 2h，然后取 0.2ml 菌液与 0.1ml P_1cml、chr100 噬菌体稀释液（10^{-2}，噬菌体原液的滴定度约为 10^{-2} PFUs/ml，细菌和噬菌体数的比例大约是 20∶1）于 3ml 半固体琼脂中，混匀后倒在完全固体培养基上，同时以不加噬菌体为对照。待凝固后 37℃培养过夜。

3. 将平板上长有很多噬菌斑的半固体培养基刮下装入无菌三角瓶中，加入 5~10 ml LB 液体和几滴氯仿，剧烈振荡 20s 后经 4 000×g 离心 10min，上清液即为 P_1cml、chr100 噬菌体裂解液。

4. 将上清液移到无菌大试管中，加入几滴氯仿，稍混合即可待用。

（二）P_1cml、chr100 噬菌体裂解液效价的测定

1. 将在 30℃培养过夜的受体菌液按 1∶5 的比例分别转入两支 5ml LB 液中，30℃振荡培养 3h 后，混合两支试管培养物。分别取 0.9ml 受体菌液于 11 支无菌小试管中，先将 0.1ml 上述制备的噬菌体裂解液加入第一支菌悬液中，再将 4.5ml LB 半固体培养基（熔后保温在 45~50℃）倒入该试管内，稍混合，将小试管内混合物全部倒在已有 LB 固体培养基的平板上。另外将制备的噬菌体裂解液进行 10 倍稀释，分别取不同的噬菌体稀释液 0.2ml 加入另外 10 支无菌小试管中，同样将 4.5ml LB 半固体分别倒入这些小试管中，摇匀后倒在 LB 固体培养基上；以不加噬菌体裂解液的实验管做对照，置 37℃培养过夜。

2. 取出培养的平板，观察噬菌斑，并计算出噬菌体原液中 P_1 噬菌体的 PFUs/ml。

（三）转导

1. 将受体菌接入 5ml LB 液体中，30℃振荡培养 2~3h，加入适量的无菌 $CaCl_2$（使其终浓度为 5×10^{-3} mol/L）。

2. 将噬菌体裂解液（约为 10^{10} PFUs/ml）用生理盐水稀释至 10^{-3}，分别取 0.1ml 10^{-1}、10^{-2}、10^{-3} 稀释液与 1.5ml 含有 $CaCl_2$ 的受体菌液混合，置 37℃中保温 20min。

3. 保温混合物经 3 500r/min 离心 15min，去上清液后，用 1ml 无菌生理盐水重新悬浮沉淀菌体，再取 0.1ml 悬浮液涂布在选择性平板上（乳糖色氨酸基本培养基各涂 2 皿，葡萄糖基本培养基各涂 1 皿）。另外取受体菌液和噬菌体裂解液各涂一皿作为对照。同时将受体菌液用生理盐水稀释至 10^{-6}，各取 10^{-5}、10^{-6} 稀释液 0.1ml 分别涂布在乳糖色氨酸葡萄糖基本培养基上，每稀释度涂布三皿，置 37℃培养 2d。

4. 观察平板菌落生长情况并计算其转导频率。

（四）并发转导的测定

1. 分别取 0.1ml T6 噬菌体裂解液（效价为 10^9~10^{10} PFUs/ml）涂布在 LB 平板上（涂 4 皿），稍干后用无菌牙签挑取 100~200 个在乳糖色氨酸基本培养基上的菌落点在有 T6 噬菌体 LB 平板上，置 37℃培养过夜。

2. 取出平板，观察实验结果。

六、实验结果

1. 将观察的实验结果填入表 26-1 中，并计算出转导频率。

表 26-1　　　　　　　　　　　　　转导实验结果统计

培养基类型	转导标记	PFUs/皿	PFUs/皿	受体菌数/ml	转导频率（%）	对照 受体	对照 裂解液
MM+葡萄糖	trp						
MM+乳糖+trp	lac						
MM+葡萄糖+trp	活菌计数						

2. 将并发转导的结果填入表 26-2，计算出并发转导频率。

表 26-2　　　　　　　　　　　　　并发转导频率的测定

培养基类型	点种菌落数	在含 T6 噬菌体的 LB 平板上长出的菌落数	并发转导频率（%）
LB+T6			

3. 根据上述结果计算出 trp 和 lac 基因的图距。

七、注意事项

1. 制备噬菌体裂解液时，加入氯仿于供体菌悬浮液中剧烈振荡后离心，取上清液时切勿将菌体吸入。
2. 用无菌牙签点种时要轻，不要将前面培养基带入随后培养基中。

八、思考题

1. 什么是感染复数？本实验为什么要采用低感染复数？
2. 制备好的噬菌体裂解液中为什么要加入几滴氯仿？

实验 27 λ噬菌体的局限性转导

λ噬菌体是一种温和噬菌体，在大肠杆菌宿主细胞内其 DNA 可整合在宿主染色体上，如同细菌的基因一样传递给子代细胞，此为溶原状态。在溶原菌中，λ噬菌体有两种选择：①溶原生长：即继续维持其溶原状态；②裂解生长：在某些物理化学等因素的诱导下，λ噬菌体借助宿主细胞的酶系统，开始有序的复制、转录、表达，装配成完整的噬菌体颗粒，最后裂解宿主细胞，释放出大量具有感染能力的成熟噬菌体。紫外线是一种常用物理诱导因素。不过，当溶原菌（供体菌）经紫外线诱导产生的噬菌体颗粒中极少数（约 10^{-4}）带有细菌 gal 基因，而噬菌体则失去自身的部分 DNA 片段时，这种噬菌体称之为缺陷噬菌体，用 λdg 表示。这种噬菌体所进行的转导为低频转导（lower frequency translocation，LFT）。用这种低频转导噬菌体裂解液以高感染复数（HIF）感染另一非溶原性 gal^- 受体菌，λdg 不仅能进入细胞，而且能和正常 λ 噬菌体一起整合到受体细胞染色体上去，使之成为双重溶原菌。双重溶原菌经诱导后，噬菌体同样能复制并释放出约占噬菌体总数 50% 的具有半乳糖发酵基因能力的噬菌体。这些转导噬菌体所进行的转导称为高频转导（HFT）。

本实验以含原 λ 噬菌体和缺陷噬菌体 λdg 的双重溶原菌 gal^+ 作为供体，经紫外线诱导后，获取能转导半乳糖发酵基因的高频转导噬菌体裂解液，然后让这些转导噬菌体将 gal^+ 基因转移到受体菌 gal^- 中去。

一、实验目的

1. 掌握紫外线诱导原噬菌体以及测定 λ 噬菌体转导宿主细胞染色体上基因的方法。
2. 进一步理解双重溶原菌，并区分高频转导和低频转导。

二、实验材料

菌株：

供体菌：*Escherichia coli* K12 F_2 gal^+（带有原噬菌体 λ 和缺陷噬菌体 λdg）

受体菌：*E. coli* K12 S gal^-

三、仪器设备

台式离心机，恒温水浴锅，小试管，大试管，移液管，培养皿，紫外辐射装置。

四、药品试剂

LB 液（5ml/试管 2 支；4.5ml/100ml 三角瓶 1 瓶），2×LB 液（2ml/小试管 1 支），YT 液体培养基（4.5ml/试管 1 支；4.5ml/试管 7 支；4.5ml/100ml 三角瓶 1 瓶），YT 半固体培养基（4.5ml/试管 9 支），YT 固体培养基 9 皿（本实验中 YT 培养基均补加麦芽糖和 $MgSO_4$，终浓度分别为 1%和 10mmol/L），EMB-gal 培养基 11 皿，0.1mol/L pH7.0 的磷酸缓冲液（4ml/试管 1 支），生理盐水（4.5ml/试管 3 支），氯仿。

五、实验步骤

（一）噬菌体裂解液的制备

1. 将供体菌接入 5ml LB 培养液中，37℃振荡培养过夜。
2. 取 0.5ml 过夜培养物转入另一支 5ml LB 培养液试管中（剩余的菌液置冰箱保存，备用），37℃继续培养 4~6h。
3. 将培养物转入 10ml 无菌离心管中，4℃ 3 000r/min 离心 10min。
4. 去上清液，加 1ml 的磷酸缓冲液（0.1mol/L，pH7.0），振荡悬浮，再加入 4ml 同样的缓冲液制成菌悬液。
5. 取 2ml 菌悬液于无菌培养皿（Φ6cm）中。在红光下将含有菌悬液的培养皿置紫外灯（15W）40cm 处，打开培养皿盖照射 10s（边照射边搅拌），然后加入 2×LB 液 2ml，混匀后置 37℃避光培养 2~3h。
6. 将上述暗培养液转入无菌大试管中，加入 5~8 滴氯仿，剧烈振荡 30s，室温静置 5min 后转入另一支无菌离心管，再经 4℃，3 000r/min 离心 10min。
7. 小心将上清液吸取转入另一无菌试管中，上清液即为 λ 噬菌体裂解液。裂解液中加入一滴氯仿，混匀后置 4℃保存，备用。

（二）噬菌体效价的测定

1. 将受体菌接入 5ml 培养液（补加麦芽糖和 $MgSO_4$），置 37℃振荡培养过夜。
2. 取 0.5ml 过夜培养物于另一支 5ml YT 培养液（同样加麦芽糖和 $MgSO_4$）试管中（其余的受体菌液置 4℃保存，备用），37℃继续振荡培养 3~4h。
3. 将噬菌体裂解液用 YT 培养液稀释至 10^{-7}，分别取 10^{-5}、10^{-6}、10^{-7} 稀释液 0.1ml 于无菌试管中，再加入 0.1ml 受体菌液，混匀后置 37℃保温 15~20min，然后倒入 4.5ml 半固体 YT 培养基（培养基温度约为 45℃），混匀后，迅速倒入底层 YT 培养基的平板中。按此操作每稀释度制 3 皿，待凝固后置 37℃培养过夜。
4. 观察出现的噬菌斑，计算裂解液中噬菌体的效价。

（三）转导试验

1. 取 EMB-gal 平板二皿，在平板底部按图 27-1 画上标记。

2. 取保存的受体菌液少许涂成一条带，再取保存的供体菌液少许在另一区域涂一条带。待干后在两个圆圈和两个方格内各滴一小滴噬菌体裂解液（先滴两圆圈内，后滴方格内），置37℃培养48h。

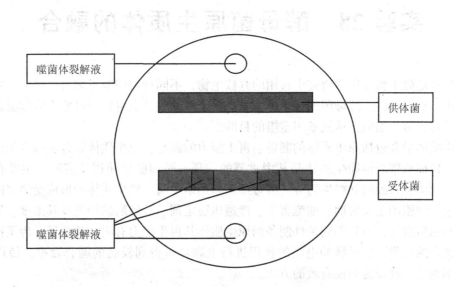

图 27-1　λ 噬菌体转导测定示意图

六、实验结果

1. 观察平板上形成的噬菌体，统计噬菌斑形成单位数（PFUs），并计算 λ 噬菌体裂解液的效价。
2. 图示转导试验结果，确定是否出现转导现象。

七、注意事项

1. 配制半固体培养基时，使用琼脂粉为宜。琼脂的浓度为 0.45%~0.5%。
2. 噬菌体裂解液与受体菌液混合保温期间切勿摇动试管，以免影响噬菌体的吸附，使其效价偏低。

八、思考题

1. 测定噬菌斑效价时为什么要使用半固体培养基，而不使用固体培养基？
2. 本实验制备的噬菌体裂解液在 10^{-7} 平皿上出现噬菌斑形成单位（PFUs）为 100 个，请问，裂解液中噬菌体的效价为多少？为什么？
3. λ 噬菌体裂解液制备过程中两次加入氯仿，试比较两次加入氯仿的作用。

实验 28　酵母菌原生质体的融合

酵母菌是微生物遗传学研究中常用的真核生物，不同种类的酵母菌可通过原生质体融合技术进行基因转移。酵母菌的线粒体、杀伤因子等细胞器也可以通过原生质体融合由一个细胞转移到另一细胞，达到基因重组的目的。

原生质体融合包括原生质体的制备、再生能力的测定、原生质体融合和融合子检测等过程，去掉细胞壁获得原生质体是其中重要的一环。脱细胞壁使用的溶解酶主要有溶菌酶、纤维素酶、果胶酶和蜗牛酶等，酵母细胞多用蜗牛酶。原生质体的形成受诸多因素的影响，包括细胞的生长时期、细胞密度、渗透压稳定剂、溶解酶的种类及其浓度、处理细胞的时间和温度等，而且不同条件制备的原生质体其再生能力有明显的差异。为了提高原生质体融合的效果，通过脉冲电场的作用进行电融合可得到较高的融合效率，使用 PEG 等助融剂也是一种较为简便有效的方法。

一、实验目的

掌握酵母菌原生质体、制备再生、融合以及融合子的检测技术。

二、实验材料

酵母菌（*Saccharomyces cerevisiae*）：
　　菌株：B6-5（$ala^- cys^-$）
　　　　　T3-4（$his^- thr^-$）

三、仪器设备

台式离心机，恒温水浴锅，恒温摇床，三角瓶，移液管，试管。

四、药品试剂

CPB 液（0.1mol/L 柠檬酸-磷酸氢二钠缓冲液，配制 pH6.0、pH6.82 两种缓冲液），0.5mol/L EDTA（pH8.0），4mol/L 山梨醇，4% β-巯基乙醇，β-巯基乙醇-EDTA-CPB（0.4%β-巯基乙醇，50mmol/L EDTA-Na 的 CPB），加倍高渗 CPB 液（CPB+1.8mol/L 蔗糖，pH6.82），无机缓冲液 0.7mol/L KCl-CPB（pH6.82），35%PEG（分子量为 4 000U），蜗牛酶（20 mg/ml，过滤除菌），完全培养基（CM）（葡萄糖 20g、酵母膏 10g、蛋白胨

10g、蒸馏水 1 000ml、琼脂 20g，pH6.0），基本培养基（MM）（葡萄糖 20g、KH_2PO_4 1g、$MgSO_4·7H_2O$ 0.5g、$(NH_4)_2SO_4$ 1g，pH6.0），高渗基本培养基（HMM）（基本培养基+甘露醇，终浓度为 0.8mol/L），高渗完全培养基（HCM）（完全培养基+甘露醇，终浓度为 0.8mol/L）。

五、实验步骤

（一）原生质体的制备

1. 将 S. cerevisiae B6-5 和 T3-4 菌株分别转接在 CM 斜面上，30℃培养 48h。再用 CM 斜面活化一次。

2. 分别挑取少许活化菌株的菌苔接种于 CM 培养液（30ml/250ml 三角瓶）中，28℃，200r/min 振荡培养 12~16h。

3. 分别取 5ml 对数期的细胞转入无菌离心管中，经 4℃，3 500r/min 离心 5min；弃上清液，用 PB 溶液洗涤菌体两次，保留菌体。

4. 分别加入 5ml 0.1%β-硫基乙醇-PB 溶液将沉淀菌体制备成悬浮液，置 28℃保温 10min，离心后弃上清液。

5. 再分别加入 5ml 1%蜗牛酶-PBS 溶液，置 28℃振荡（150r/min）保温 40~60min。

6. 定时取样镜检。当 90%的细胞转变为原生质体后取出样品管，经 4 000r/min，4℃离心 50min；弃上清液，沉淀物用 PBS 溶液洗涤两次。

7. 将原生质体分别悬浮于 5ml PBS 溶液中，置冰箱保存备用。两个菌株各做一份对照，即不加蜗牛酶，其他操作步骤与前相同。

8. 分别取 ZF-15、ZF-18 原生质体悬液和未经蜗牛酶处理的菌悬浮液用生理盐水进行 10 倍稀释，取适宜稀释液分别涂 HMM1、HMM2 和 HCM 平板上，28℃培养 2~3d。

9. 统计菌落形成单位数，计算出原生质体再生率。

（二）原生质体融合

1. 分别取 3ml 两种原生质体（1:1）混合后，经 4℃，4 500r/min 离心 15min，弃上清液。

2. 用 0.4mol/L $CaCl_2$ 洗涤一次，离心弃上清液后再加入 6ml PEG（35%），迅速振荡混匀，30℃静置 60min。

3. 融合菌液经 4℃，4 500r/min 离心 5min，沉淀物用 PBS 洗涤两次，最后将沉淀物悬浮于 6ml PBS 液中。

4. 用生理盐水或高渗培养液将上悬浮液 10 倍稀释至 10^{-5}，分别取 10^{-3}、10^{-4}、10^{-5} 三种稀释液各 0.1ml 涂布在 HMM 平板上，置 28℃培养 2~3d。

5. 统计菌落数，计算融合频率。

六、实验结果

根据实验结果，按以下公式分别计算出再生率和融合频率。

$$再生率(\%) = \frac{再生培养基上生长的菌数}{原生质体总数} \times 100\%$$

$$融合频率(\%) = \frac{HMM 出现的菌落数}{HMM1 + HMM2 出现的菌落数} \times 100\%$$

七、注意事项

1. 对数生长期的酵母细胞易脱壁，而静止期的细胞则难或不能形成原生质体。不同的菌株其生长速率不一，而且同一菌株培养条件不同其生长速率也有一定的差异。因此制备原生质体前要控制好生长条件，了解细胞的生长速率。

2. 制备的酵母菌原生质悬浮液在 0℃ 条件下存放 4~6h 不会影响融合再生率。存放的时间过长，其再生率将会下降。因此制备成原生质体后应尽快进行融合实验。

3. 渗透压稳定剂可用 16% 蔗糖、0.8mol/L 山梨糖或 0.6mol/L KCl。但不同的菌株对稳定剂有所选择，这需在实验中摸索。

八、思考题

1. 在制备原生质体过程中加入细胞壁溶解酶使细胞脱壁，在加入溶解酶之前为什么还要加入一定浓度的 β-巯基乙醇？

2. 在一定的选择性或基本培养基平板上获得融合子后，还需将融合子菌株连续传代数次或更多，简述其缘由。

实验 29　细菌质粒 DNA 的大量制备

质粒是具有自主复制能力独立于染色体之外的遗传因子，虽只在微生物中发现，但它能作为克隆载体在动物、植物和微生物细胞之间进行基因转移与重组，因而在生物学领域中普遍受到重视，制备质粒 DNA 已成为生命科学领域的常规技术。

质粒 DNA 多以共价闭合环状（CCC）的形式存在于微生物细胞中，这种结构较染色体 DNA 分子结合紧密。在 pH12.0~12.6 的碱性环境中，细菌染色体 DNA（线性分子）变性，而质粒 DNA 则仍为天然状态。将 pH 值调至中性，在高盐浓度存在的条件下，染色体 DNA 之间交联形成非可溶性的网状结构，在去污染剂 SDS 的作用下大部分 DNA 和蛋白质沉淀，质粒 DNA 依然保持可溶状态，离心后能除去细胞碎片、大部分染色体 DNA 和蛋白质等，而质粒 DNA 则存在于上清液中，再用酚、氯仿处理便可得到较纯的质粒 DNA，用于转化、限制性内切酶降解等。

质粒 DNA 的大量制备方法有碱裂解法、煮沸法、SDS 裂解法和 Triton-溶菌酶法等。这些方法各有利弊，操作者可根据不同的宿主细胞、质粒的类型、质粒分子量的大小、质粒 DNA 纯度的要求以及实验室的实际条件等选择合适的方法。碱裂解法大量制备质粒 DNA 能满足许多分子生物学的应用，例如转化、限制性内切酶等。这种方法抽提的质粒 DNA 纯度较 Triton-溶菌酶法要高，所用时间短。

一、实验目的

1. 掌握从原核生物中提取 DNA 并检测其纯度与浓度的基本技术。
2. 比较几种不同构型的质粒 DNA 在琼脂糖凝胶上的表现。

二、实验材料

菌株：大肠杆菌（*Escherichia coli*）JM101（pBR327）

三、仪器设备

离心机，恒温水浴锅，冰箱，核酸电泳装置，紫外分光光度计。

四、药品试剂

1. 溶液 I

50mmol/L 葡萄糖
　　10mmol/L EDTA
　　25mmol/L Tris-HCl, pH8.0
　　试剂配好后装入合适的试剂瓶或玻璃瓶，112℃蒸汽灭菌 15min，冷至室温后，置 4℃保存备用。
　2. 溶液Ⅱ
　　0.2mol/L NaOH（室温保存）
　　1.0%SDS
　3. 溶液Ⅲ
　　3mol/L KAc
　　5mol/L HAc（pH4.8）
　4. RNase：贮存浓度为 10mg/ml（用 10mmol/L Tris-Cl, pH8.0 和 15mmol/L NaCl 溶解配制，定量至 1ml。100℃热处理 15min，慢慢冷却至室温，置-20℃保存）。
　5. 蛋白酶 K，平衡酚，氯仿，无水乙醇，异戊醇。

五、实验步骤

（一）质粒 DNA 的提取

　1. 从斜面（或平板）上挑取少许菌苔接种于 5ml LB 培养液（含氨苄青霉素 100μg/ml）中，37℃振荡培养过夜。再按 1:100 将过夜培养物转入装有 100ml LB 液（含氨苄青霉素 100μg/ml）的三角瓶中，继续振荡培养 16~20h。
　2. 将培养物经 5 000×g，4℃离心 10min，收集菌体。
　3. 加入 2ml 溶液Ⅰ，振荡均匀，室温放置片刻，再加入 4ml 新鲜的溶液Ⅱ，将试管颠倒 5~10 次，室温静置 10min。
　4. 加入 3ml KAc（5mol/L，pH4.8）混匀后冰浴 5min。
　5. 加入等体积的酚、氯仿和异戊醇混合物（按 25:24:1，$V/V/V$），盖紧离心管帽，上下颠倒离心管持续几分钟，再经 4℃，10 000×g，离心 10min。
　6. 取上层水相转入另一干净的离心管中（如果蛋白质较多，重复步骤（5）1~2 次，直至蛋白质去净），加 2 倍体积的冷无水乙醇，混匀后室温下静置 10~15min，经 4℃，10 000×g，离心 15min。
　7. 弃上清液，沉淀物用 70%乙醇淋洗两次。
　8. 干燥样品（65℃烘 5~10min 或真空抽干），加入 2~4ml TE 缓冲液溶解 DNA。
　9. 取 2μl 样品进行琼脂糖凝脂电泳，确定质粒 DNA 的纯度与浓度，剩余的样品置-20℃存放备用。

（二）质粒 DNA 的纯化

　1. 将上述样品用 TE 缓冲液稀释 10 倍，加入 2μl RNase（10mg/ml）混匀后，置 37℃水浴 1h。

2. 加入 0.5μl 蛋白酶 K，37℃ 水浴 20min。

3. 用等体积的饱和酚抽提 10min，经 10 000×g，4℃ 离心 10min。

4. 将上层水相转入另一离心管中，用等体积的酚、氯仿和异戊醇的混合液（25∶24∶1，V/V/V）抽提约 5min，经 10 000×g，4℃ 离心 10min。

5. 将水相转入另一离心管中，加入 10μl 5mol/L NaCl 混匀后，再加入两倍体积的冷无水乙醇充分混匀，室温静置 30min。

6. 经 10 000×g，4℃ 离心 10min，弃上清液。沉淀物用 70% 的乙醇淋洗两次。

7. 将 DNA 样品置 65℃ 烘 5~10min，再加入 1ml TE 缓冲液使 DNA 溶解。

8. 取 2μl DNA 样品进行琼脂糖凝胶电泳，同时用已知浓度与分子量的 DNA 样品上样电泳，以便估计样品 DNA 的浓度和分子量大小；或者用紫外分光光度计按以下程序准确测定 DNA 的浓度和纯度：

（1）吸取 5μl DNA 样品，加水至 1ml 混匀后，转入紫外分光光度计的石英比色杯中。如果样品很少，可以用 0.5ml 的比色杯，上述核酸样品与水容积均缩小一半。

（2）先将紫外分光光度计用 1ml 超纯水校正零点。

（3）在 260nm 和 280nm 分别读出 OD 值，DNA 样品的浓度为 OD_{260}×核酸稀释倍数×50/1 000。例如 OD_{260} 为 0.1，样品的浓度则为 1μg/μl DNA。

六、实验结果

根据琼脂糖凝胶电泳和（或）紫外分光光度计测定的结果评价制备的 DNA 纯度和浓度，并计算出制备 DNA 的收率，即每毫升培养物获得 DNA 的量。

七、注意事项

1. 为了得到更多的质粒 DNA，可采用氯霉素扩增质粒的方法。先将菌种接入 LB 培养液，振荡培养至 OD_{600}≈0.6，再按 1∶25 的比例转入新鲜 LB 培养液中，振荡培养至 OD_{600}≈0.4（约 2~2.5h），再加入氯霉素（终浓度为 170μg/ml），继续振荡培养 12~16h，收集细胞，制备质粒 DNA。

2. 在提取 DNA 的整个过程中，要特别防止 DNase 的污染，通常戴一次性手套操作，切勿用手指接触 Eppendorf 管口或其内壁。

3. 用酚、氯仿和异戊醇抽提样品，离心后取水相时操作要小心，避免变性蛋白吸进样品管，影响 DNA 的纯度。

4. 若时间允许，加冷乙醇沉淀 DNA 可置 -20℃ 过夜，能提高 DNA 的收率。

八、思考题

1. 用紫外分光光度计可以准确测定 DNA 样品的浓度。如何判断所测定的 DNA 样品的纯度？若 DNA 样品中 RNA 和蛋白质含量较高，怎样进一步纯化 DNA？

2. 为什么培养液中加入一定浓度的氯霉素能使质粒大量扩增而宿主细胞不相应增殖？

实验 30 快速少量提取质粒 DNA 的改良方法——TENS 法

虽然分离与纯化质粒 DNA 的方法较早期有很大的改进，但随着分子生物学技术的发展，建立操作程序简单、效果更佳，且在短时间内同时完成多份样品的方法更受到人们的关注。杨于军等（1990）在碱裂解法的基础上建立的 TENS 法被很多实验室采用。此法将 NaOH 和 SDS 加在同一裂解溶液中，操作简便，可在十几分钟之内完成质粒 DNA 的制备，同时操作十几个样品可在几十分钟内完成，而且提取的样品可进行限制性内切酶的消化、连接和转化实验，是一种快速、简单少量制备质粒 DNA 的有效方法。

一、实验目的

学会简便快速少量制备质粒 DNA 的方法。

二、实验材料

菌株：大肠杆菌（*Escherichia coli*） K-12 TG1（pBR327）

三、仪器设备

离心机，核酸电泳装置，干燥箱，紫外分光光度计。

四、药品试剂

1. TENS
   10mmol/L Tris-HCl（pH8.0）
   1mmol/L EDTA
   0.1mol/L NaOH
   0.5%SDS
2. TE 缓冲液
   10mmol/L Tris-HCl（pH8.0）
   1mmol/L EDTA
3. 3mmol/L NaAc（pH5.2），无水乙醇。

五、实验步骤

1. 取 1.5ml 的过夜培养物加入 Eppendorf 管中,经 14 000r/min,室温离心 10s。
2. 弃上清液,将 Eppendorf 管振荡 10s,使沉淀物分散。
3. 加入 300μl TENS 液,迅速混匀后在室温(25℃)静置数分钟。
4. 待管中的混合液稍变粘稠后,加入 150μl NaAc(3mol/L,pH5.2)混匀,置室温约 5min。
5. 经 14 000r/min,4℃离心 2min。
6. 取上清液于另一 Eppendorf 管中,加入 1ml 冷无水乙醇(-20℃预冷)混匀后,室温静置 5min;经 14 000r/min,4℃离心 5min。
7. 弃上清液后,用 70% 乙醇淋洗沉淀物二次。
8. 真空抽干或用滤纸小条吸干后倒置在滤纸上约 10min。
9. 加入 20~50μl TE 缓冲液,直至完全使 DNA 溶解。
10. 取适量 DNA 样品进行琼脂糖凝胶电泳和(或)用紫外分光光度计进行检测。

六、实验结果

1. 根据琼脂糖凝胶电泳和(或)紫外分光光度计检测情况,评价获得质粒 DNA 的量和纯度。
2. 比较本方法与其他碱裂解法的差异与利弊(提示:从操作程序、DNA 分离纯化的效果进行比较)。

七、注意事项

1. 本实验步骤 4 是关键之处。TENS 液中 0.5%SDS 起破细胞壁的作用,若作用时间长,细胞壁破裂严重,染色体 DNA、蛋白质等生物大分子在裂解液中的含量增加,不利于质粒 DNA 的分离与纯化,而且染色体 DNA 与质粒在本实验操作程序中不能分开,对限制性内切酶反应和转化均不利。因此控制细胞破裂的程度在制备质粒 DNA 的过程中十分重要。
2. 仔细观察操作步骤 6 中加入冷乙醇于 Eppendorf 管中所出现的现象。

八、思考题

正常情况下,实验步骤 6 中加入 Eppendorf 管内的冷乙醇与溶液之间的界面处会出现一薄层乳白色的物质。其中除核酸外,还有哪些生物大分子存在?你怎样将它除去便于获得纯度高的 DNA?

实验 31　λDNA 的制备与纯化

λ噬菌体是最早使用的克隆载体,它的遗传背景已研究得较为深入。其基因组是由48502bp组成的一条线状双链DNA,两端具有12bp的单链DNA。这两条单链的碱基称为粘性末端(COS),使λDNA形成环状的双链DNA。λ噬菌体的头部外壳是蛋白质,双链DNA被包其中,尾部有较长的尾丝,便于吸附在受体细胞的表面。

λ噬菌体的DNA链中约有40%与噬菌体的形成、装配和裂解无关,这就有可能通过重组DNA技术将多余的DNA片段切除或置换,嵌入大的外源DNA片段。因此,λ噬菌体是克隆载体的好材料。自1974年以来相继构建了许多适合于各种用途的克隆载体,主要有Charon、EMBL、λ gt、λ 2001(包括λ 2001、λ DASH、λ FIX)等系列克隆载体。因此,λ DNA的分离与纯化是实验室常规工作。

一、实验目的

1. 进一步学习从宿主细胞中制备噬菌体的方法。
2. 掌握从病毒颗粒中提取并纯化DNA的基本技术,并检测其纯度与浓度。

二、实验材料

菌株:大肠杆菌(*Escherichia coli*) K802

三、仪器设备

离心机,恒温水浴锅,冰箱,高压灭菌锅,紫外分光光度计,微量移液器及吸头,恒温摇床,大试管,三角瓶。

四、药品试剂

LB培养基,1mol/L $MgSO_4$,TM缓冲液(50mmol/L Tris-HCl,pH7.4,10mmol/L $MgSO_4$),PEG(MW6 000U或8 000U),0.5mol/L EDTA(pH8.0),5mol/L NaCl,0.3mol/L NaAc(pH7.0),DNaseI(1mg/ml,使用前用TE缓冲液配制而成),RNaseA(10mg/ml,用10mmol/L Tris-HCl,pH7.4溶液配制后,煮沸10min),RNase缓冲液(300mmol/L NaCl,20mmol/L Tris-HCl,pH7.4),1mmol/L EDTA。

五、实验步骤

（一）噬菌体裂解液的制备

1. 取 0.5ml 过夜的菌株培养物加入盛有 50ml LB 液的三角瓶中，置 37℃ 振荡培养，使其细胞浓度达到 $OD_{600}=1.0$。

2. 用含有 10mmol/L $MgSO_4$ 的 LB 液按 5∶1 稀释上述培养物。

3. 取 10ml 稀释液加入 18×180cm 的大试管中，用新制备的噬菌体裂解液感染培养物（见实验 27）。另取 10ml 稀释液不加噬菌体裂解液做对照。

4. 将上两支试管置 37℃ 振荡培养（早期培养液将变浑浊，继续培养直至培养液较对照清亮为止）。

5. 取 200µl 氯仿加入上述试管中，置 37℃ 振荡 2min。

6. 经 3 000×g 室温离心 10min，取上清液转入另外一试管中，加入几滴氯仿轻轻混合均匀，将噬菌体裂解液置 4℃ 保存备用。最好是测定上清液噬菌体的效价，能达到 $2×10^9 \sim 4×10^{10}$PFUs/ml（噬菌斑形成单位/ml）。

（二）λDNA 的制备

1. 分别取 TM 缓冲液和按上述步骤制备的噬菌体裂解液各 9ml 于 50ml 的三角瓶中，加入 300µl DNase I 液（1mg/ml），混匀后室温静置 15min。

2. 加入 1.8ml 的 5mol/L NaCl 和 2g 固体 $PEG_{6\,000}$，剧烈振荡溶解后，冰浴 15min。

3. 经 10 000×g，4℃ 离心 10min，弃上清液，用 300µl TM 缓冲液悬浮噬菌体，并将噬菌体液转入一 Eppendorf 管。

4. 加入 300µl 氯仿抽提数分钟后，经 3 000×g 离心 10min，取上清液加氯仿再抽提一次，离心。

5. 将上清液转入另一 Eppendorf 管，加入 350µl 饱和的重蒸酚，迅速振荡均匀，然后加入 15µl EDTA（0.5mol/L）和 30µl NaCl（5mol/L），振荡 10s；经 3 000×g 室温离心 2min。

6. 取上清液移入另一 Eppendorf 管，加入 350µl 氯仿，振荡 10s，经 3 000×g 室温离心 2min。

7. 将水相转入另一 Eppendorf 管，加入 900µl 冷无水乙醇，混匀后冰浴 10min，经 3 000×g，4℃ 离心 10min。

8. 弃上清液，用 400µl RNase 缓冲液悬浮沉淀，再加入 5µl RNaseA（10mg/ml），置 37℃ 保温 15min。

9. 取上清液于另一 Eppendorf 管中，加入 400µl 氯仿抽提离心分层。

10. 将水相转入另一 Eppendorf 管中，加入 1ml 冷无水乙醇，混匀后冰浴 10min，再经 3 000×g，4℃ 离心 10min。

11. 用 70% 乙醇淋洗两次，干燥沉淀物。加入 50~100µl TE 缓冲液，待 DNA 溶解后取 2~3µl 样品进行琼脂糖凝胶电泳，其余样品置 -20℃ 保存，备用。

六、实验结果

1. 仔细观察或照像所提取的 λDNA 凝胶电泳图结果，并进行凝胶扫描。
2. 根据凝胶电泳结果，估计分离纯化 λDNA 的质量及收率。

七、注意事项

1. 用噬菌体裂解液感染细菌时应采用高感染复数，这可使噬菌体 DNA 收率提高。
2. λ 噬菌体对螯合剂非常敏感。为防止噬菌体外壳蛋白质解聚，在制备 λDNA 的操作程序中必须加入 10μl $MgSO_4$（30mmol/L）。
3. 要获得纯度更高的 λDNA，可在本实验的基础上通过氯化铯密度梯度离心、层析或其他方法纯化 DNA。

八、思考题

1. λDNA 的分子量较大，凝胶电泳时使用的琼脂糖浓度多大为宜？
2. 制备噬菌体裂解液为什么采用高感染复数可以提高 λDNA 的收率？

实验 32　并发转导与基因定位——三点杂交

基因是一个化学实体，是生物遗传信息传递、表达、分化和发育的基础。同时环境因子又能从不同的层次影响基因的作用，从而使生物的性状发生变化。

两个基因间的距离可通过二点杂交和三点杂交后子代中重组体数目来测定。两基因之间的距离越近，其间发生交换的几率越小，重组体数目越少。同样，二点杂交和三点杂交也可用于基因内精细结构的分析。

本实验用噬菌体 P_{22} 对鼠伤寒沙门氏菌进行并发转导（共转导），供体细菌中的两个连锁基因可被导入受体细菌中，与受体细菌中的一个可选择表型的基因进行三点杂交分析，用以确定这三个基因的排列顺序。

若有三个基因，其野生型分别用 A、B、C 表示，相应的突变型基因分别记为 a、b、c。若 A、B、C 三个基因的排列如图 32-1 所示，即 B 基因在 A 基因和 C 基因之间，供体基因型为 aBC，受体基因型为 Abc，经转导选择 C 表型。在 C 转导子中 A 和 B 两基因的组合有如下四种：①Ab，DNA 链之间发生两次交换；②AB，同样是 DNA 链之间发生两次交换的结果；③aB，也是 DNA 链之间发生两次交换的结果；④ab，是 DNA 链之间发生四次交换的结果。根据四次交换少于二次交换这一原理，再检测 ab 型转导子出现的频率，如果 ab 型转导子频率很低，接近于 0，则上述推测的基因排列顺序是正确的。同理，如果 A 基因在 B 基因和 C 基因之间，AB 转导子频率接近于 0；若 C 基因在 A 和 B 的中间，这四种类型转导子的频率都不可能接近于 0。

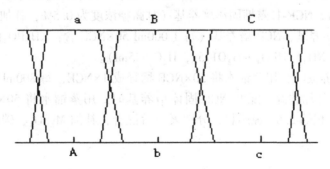

图 32-1　三点杂交基因交换示意图

一、实验目的

1. 了解利用三点杂交进行基因定位的原理。

2. 学习三点杂交进行基因定位的方法。

二、实验材料

菌株：鼠伤寒沙门氏菌（*Salmonella typhimurium*）

受体菌：鼠伤寒沙门氏菌（*Salmonella typhimurium*）TT10251：pmi：MudA（表型为在以甘露糖为惟一碳源的培养基上不能生长）。

供体菌：鼠伤寒沙门氏菌（*S. typhimurium*）TT12399：zxx1900：Tn10d-tet（表型为Tet^r。Tn10d-tet 是一种 Mini-Tn10，即保留四环素抗性基因而缺失转座基因的 Tn10，自身不能转座）。

供体菌：鼠伤寒沙门氏菌（*S. typhimurium*）TT13976：add 2346：：MudJ（表型为Kan^r。MudJ 是体外构建的 Mu 噬菌体缺失株，即切除 Mu 噬菌体 DNA 中与催化转座有关的基因及其他必需基因，而带有自身启动子的卡那霉素抗性基因和无启动子的乳糖操纵子）。

已知 Kan^r 与 pmi 的共转导频率为 75%，与 zxx1900：：Tn10d-tet 的共转导频率为 54%。

噬菌体：P_{22}。

三、仪器设备

恒温摇床，恒温培养箱，离心机，高压灭菌锅，离心管，试管，培养皿。

四、药品试剂

LB 培养液，LB 固体培养基补加四环素（终浓度为 20μg/ml）（以下简称 LB/Tet），LB 固体培养基补加四环素（终浓度为 20μg/ml）和卡那霉素（终浓度为 50μg/ml）（以下简称 LB/Tet/Kan），NCE-甘露糖固体培养基（甘露糖浓度为 0.5%，补加四环素终浓度为 10μg/ml），肉汤培养基，NCE 培养基（每 1 000ml 50×NCE 含：KH_2PO_4 197g，$K_2HPO_4 \cdot H_2O$ 325.1g，$Na(NH_4)HPO_4 \cdot H_2O$ 175g，H_2O 925ml）。

配制 NCE 培养液时，用蒸馏水将 50×NCE 稀释成 1×NCE，每 800ml 1×NCE 培养液加 1mol/L $MgSO_4$，再补加碳源。配制 NCE 固体培养基时，用蒸馏水将 50×NCE 稀释成 2×NCE，并配制等体积的 2.6% 琼脂粉，分别灭菌后混合，补加 $MgSO_4$、碳源和其他所需营养组分，倒平板。

五、实验步骤

（一）将 TT12399 的 Mini-Tn10d-tet 引入 TT13976

1. 挑取供体菌 TT12399 单菌落接种于 5ml LB 液的试管中，置 37℃ 振荡培养过夜，取 1ml 过夜培养物加到 5ml P_{22} 肉汤中，37℃ 振荡培养 8~16h。经 4 000r/min 离心 10min，收集上清液即为 TT12399 的 P_{22} 裂解液。

2. 接种 TT13976 于 LB 培养液，37℃振荡培养过夜。

3. 取 0.1ml TT13976 的过夜培养物和 0.1ml 适当稀释的 P_{22} 裂解液进行混合，然后涂布在 LB（Tet）平板上，置 37℃培养过夜。

4. 挑取在 LB（Tet）平板上的单菌落进行分离纯化，选择不含噬菌体的菌株作为三点杂交的供体菌。

（二）三点杂交

1. 按常规制备上述供体的 P_{22} 裂解液。

2. 接种受体菌 TT10251 于 LB 培养液中，30℃振荡培养过夜。

3. 取 0.1ml TT10251 的过夜培养物和 0.1ml 适当稀释的供体菌株 P_{22} 裂解液，混合后涂布在 LB（Tet）平板上，置 30℃培养过夜。

（三）转导子基因型的测定

1. 在上述 LB（Tet）平板上生长的菌落为四环素抗性转导子。用无菌牙签将这些菌落逐个挑取分别点种在 LB 平板上（挑 200 个菌落，点种分格按图 23-1），置 30℃培养过夜。

2. 以上述平板菌落长出后作为母平板，将其分别影印在 NCE（Man-Tet）和 LB（Tet-Kan）平板上，置 30℃培养 24~48h。

3. 对比观察 NCE（Man-Tet）和 LB（Tet-Kan）平板上菌落的生长情况。

六、实验结果

1. 记录四种表型组合 $Kan^s Man^-$、$Kan^s Man^+$、$Kan^r Man^-$ 和 $Kan^r Man^+$ 的转导子数，并计算各表型组合出现的百分比。

2. 确定 zxx1900::Tn10d-tet、add 和 pmi 三个基因的排列顺序。

七、注意事项

受体菌 TT10251 培养温度保持在 30℃。因为 MudA 插入突变体 pmi::MudA 在 37℃不稳定。

八、思考题

如果实验结果表明 $Kan^s Man^-$、$Kan^s Man^+$、$Kan^r Man^-$ 和 $Kan^r Man^+$ 四种转导子出现的比例分别为 66.5%、0、13.5% 和 20%，便可认为 add 基因位于 zxx1900::Tn10d-tet 和 pmi 基因之间，为什么？

实验 33　细菌接合与基因定位——中断杂交

在大肠杆菌细胞内，F因子与染色体DNA之间的交换可使F因子插入到宿主细胞的染色体DNA中。带有一个整合F因子的细胞称为高频重组（Hfr）细胞。不同的Hfr菌株中F因子的整合的位置不尽相同。在Hfr细菌和F⁻接合中，Hfr细胞染色体可以进入F⁻细胞，发生重组。Hfr细菌中染色体的转移从F因子的末端开始，而且在转移的过程中可随时发生中断。因此，接合后的F⁻细菌虽然接受了某些Hfr基因，但是一般不能接受F因子使之成为Hfr或F⁺状态。由于染色体的转移具有方向性并且随时中断，处在前端的Hfr基因有更多的机会出现在F⁻细菌中，越位于后端的基因转入F⁻细胞的机会越少。因此，根据接合后F⁻细菌中Hfr基因出现的多少（即重组子的多少）便可以知道这些基因转移的先后顺序。由此可见，可以通过梯度转移方法测定基因在染色体上的相对位置，即基因在染色体上的排列顺序。

中断杂交便是依据这一原理设计的一种方法，不同的只是应用机械方法使Hfr和F⁻细胞杂交在任何时间中断，并使染色体断裂。这是一种以时间为单位的基因定位法，可以测得特定基因在染色体上排列的绝对位置，因此远比梯度转移法准确。在标准实验条件下，37℃环境中整个Hfr细胞染色体的转移需要100min，所以大肠杆菌染色体全长定为100min，应用有效的杂交中断装置可以测定相距不到1min的两个基因的位置。

本实验采用一种简便的中断杂交装置，即实验室常用的振荡混合器。选用大肠杆菌Hfr染色体上4个距离较远的基因作标记进行中断杂交测定Hfr标记在F⁻细菌中出现的先后顺序与时间，并将测定基因定位。

一、实验目的

掌握通过物理手段中断细菌结合作用进行范围定位的方法。

二、实验材料

菌株：
  供体菌：大肠杆菌（*Escherichia coli*）CSH60：Hfr sup
  受体菌：大肠杆菌（*E. coli*）FD1004：F⁻ leu purE trp his metA ilv arg thi ara lacY xyl mtl gal T6^r rif^r str^r

三、仪器设备

恒温培养箱，振荡混合器，高压灭菌锅，培养皿，三角瓶，移液管，试管。

四、药品试剂

LB 培养液（5 ml/试管）4 支，A~D 固体基本培养基（每组选用一种，6 皿），半固体琼脂（3ml/试管）6 支，无菌生理盐水（10ml/大试管）6 支。

五、实验步骤

1. 分别将供体菌和受体菌接种在 5ml LB 液体中，37℃振荡培养过夜。
2. 将培养过夜的供体菌和受体菌各按 1∶5 的比例转入另外稀释的 5ml LB 液中，37℃继续培养 2~3h。
3. 分别取 0.2ml 供体菌和 4ml 受体菌混合在一个 150ml 无菌三角瓶中，置 37℃水浴轻轻摇动（50~100r/min）。
4. 分别在培养 0min、10min、20min、30min、40min、50min 时将上述混合菌液吸 0.2ml 于盛有 10ml 无菌生理盐水大试管中，立即用振荡混合器剧烈振荡 30s，然后取 0.2ml 于 3ml 半固体培养基中用振荡混合器混合 5s，倒在选择平板上铺平（每个实验小组可选用其中一种选择性培养基），同时取供体菌和受体菌作为对照（以后取样测定不需要再做对照），待凝固后置 37℃培养过夜。

表 33-1　　　　　　　　　　四种选择性培养基补加的组分

培养基类型	选择标记	碳源	str	arg	ilv	met	leu	ade	trp	his
A	Met	葡萄糖	+	+	+	−	+	+	+	+
B	Leu	葡萄糖	+	+	+	+	−	+	+	+
C	lac	乳糖	+	+	+	+	+	+	+	+
D	trp	葡萄糖	+	+	+	+	+	+	−	+

六、实验结果

1. 不同时间中断后 met、leu、lac、trp 标记的重组子在 F⁻细胞中出现的几率（可将多个实验小组的实验结果累计在一起）填入表 33-2。

表 33-2　　　　　　　　　　不同时间中断处理后平板上的菌落数

培养基类型	菌落数/皿					
	0 min	10 min	20 min	30 min	40 min	50 min
A						
B						
C						
D						

2. 确定 Hfr 菌株染色体上 *met*、*leu*、*lac* 和 *trp* 基因的排列顺序与位置。

七、注意事项

细菌接合实验中，细胞密度不宜太大。

八、思考题

1. 将供体菌和受体菌混合进行接合实验，为什么受体菌往往是过量的？
2. 细胞接合期间其混合物需轻轻摇动，但不宜太剧烈，为什么？

实验 34　缺失定位——基因精细结构分析

缺失定位是将待测突变位置的菌株与一系列已知缺失区域的突变株分别进行重组，根据能否重组而确定待测突变菌株缺失位置的一种基因定位方法。如果某一待测缺失突变株能和一种已知缺失突变株进行重组，表明这一待测突变的位置一定不在已知缺失区域内。如果不能重组，待测定菌株突变位置便在已知缺失范围内。

菌株 A、B、C 的缺失区域是已知的，另外有一系列点突变菌株 1、2、3 和 4。分别将它们两两滴加在固体培养基表面的同一位置上，根据是否出现野生型重组子（用+号表示），便可以知道点突变发生的位置。如果 A、B、C 三个菌株缺失的片段在下图中虚线所表示的范围，那么就可以知道这四个点突变的位置顺序是 1432 或 1342。这里虚线两端的实线表示的染色体实际上是连接着的。

待测点突变菌株

	1	2	3	4
A	−	+	+	+
B	−	+	−	−
C	−	−	−	−

实验位置顺序 1（4　3）2

图 34-1　缺失定位分析

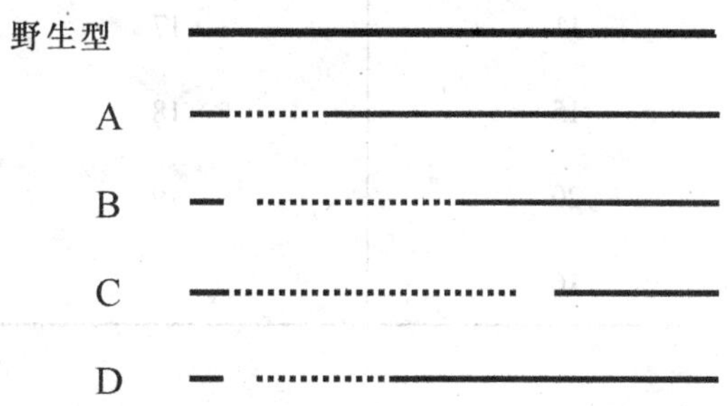

图 34-2　缺失定位
虚线（……）表示突变菌株缺失的区域，
实线（——）表示染色体连锁。

如果另外还有一个缺失菌株 D，它的缺失范围也是已知的（缺失位置如图 34-2 所示），它与待测菌株 3 滴加在一起时出现野生型重组子，可是和待测菌株 4 滴加在一起时却不出现野生型重组子，那么可以进一步证实突变位点的顺序是 1432 而不是 1342。由此可见，只要有足够多的缺失菌株，就可以区别十分接近的突变位点。缺失定位不仅可以应用于一般基因定位的研究，而且还可以应用于一个基因的突变位点的定位，即基因的精细结构分析。

缺失定位不仅可以用选择性培养方法提高效率，而且所需观察的结果只是能或不能重组，无须观察统计重组子的数量。因此这种基因定位方法不但效率高，而且比较准确。当然，应用这种方法事先需要获得一套缺失突变菌株。

本实验进行 *lacZ* 基因内精细结构的定位。采用一套已知在大肠杆菌染色体 *lacZ* 基因内发生了无义点突变的 F⁻ 菌株和一套在 F′ 上带有 *lac pro* 染色体片段，并且在其中 *lacZ* 基因上发生了不同长度缺失的菌株。由于实验所用的 F⁻ 菌株为 $trp^- str^r$，而带 F′ 的供体菌为 str^s，所以可在含乳糖的基本培养基中加入色氨酸和链霉素以选择受体菌，并排除供体菌。应用滴加杂交技术在这种培养基上能很方便地观察，分析出这两套菌株 *lacZ* 基因中发生突变的位置或发生缺失的长度，即对点突变或缺失突变定位。

表 34-1　　　　　　　　　两类实验突变菌株发生突变的位置

待测菌株	点突变发生部位	已知缺失突变菌株	缺失发生部位
①	1	11	未精确定位
②	3	12	H120
③	4	13	H111
④	6	14	H119
⑤	8	15	H114
⑥	9	16	H145
⑦	11	17	H125
⑧	15	18	H138
⑨	20	19	H220
⑩	16		

一、实验目的

1. 掌握在平板上进行滴加杂交，使不同的细菌发生重组的技术。
2. 进一步学习在平板上进行缺失突变定位的思维、设计以及基因精细结构的分析。

二、实验材料

供体菌：大肠杆菌（*Escherichia coli*）CSH13、CSH14、CSH15、CSH16、CSH17、CSH18、CSH19、CSH20，F′lacZ proA$^+$B$^+$/△（lac pro）supE thi，在 F′的 *lacZ* 基因内具有不同长度的缺失。

受体菌：大肠杆菌（*E. coli*）①CSH1、②CSH2、③CSH3、④CSH4、⑤CSH5、⑥CSH6、⑦CSH8、⑧CSH9、⑨CSH10、⑩CSH11、⑪CSH11C 和 F$^-$ *trp lac Z strA thi*，在染色体 *lacZ* 基因的不同位点上存在无义突变。

三、仪器设备

高压灭菌锅，恒温培养箱，培养皿，吸管。

四、药品试剂

LB 液体培养基（5ml/试管）19 支，乳糖色氨酸链霉素固体培养基 12 皿。

五、实验步骤

1. 将供体菌和受体菌接于 5ml LB 培养液中，30℃培养振荡过夜。
2. 在 30℃或 37℃中放置过夜的比较干燥的含乳糖、色氨酸和链霉素的基本培养基上进行滴加杂交试验，每组 12 皿。将每个平板按 34-3 图分成 9 格，各标上 12、13、14、……、19，第 9 格标上①或②、③、④、…、⑪及空白对照。

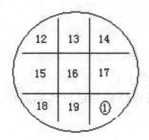 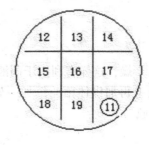 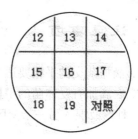

图 34-3　缺失菌株重组平板

12~19 分别为供体菌 CSH12、CSH13、……、CSH19，○内的号码为受体菌株编号。

先将受体菌①滴加在平板①的 9 个区域中，在平板②中滴加受体菌②于 9 个区域中，直至平板⑪，空白对照平板不加受体菌。用接种环在每个平板上标有 12 的区域中滴加供体菌 12。每个平板标记区域中均滴加供体菌株 12 后，再加供体菌株 13，直至供体菌株

19，空白对照平板不滴加受体菌株，只加供体菌株 12~19。待平板表面滴加液干后，置于 37℃培养 24~48h。

3. 观察结果。

六、实验结果

1. 将滴加结果填入表 34-2 中。

表 34-2　　　　　　　　*lacZ* 基因内突变与缺失突变株重组结果

菌株号	12	13	14	15	16	17	18	19	对照
①									
②									
③									
④									
⑤									
⑥									
⑦									
⑧									
⑨									
⑩									
⑪									
对照									

注："+"表示生长，"-"表示不生长。

2. 比较并绘制 *lacZ* 基因内点突变和缺失的基因图。

七、注意事项

1. 滴加杂交的平板要适当干燥，这样有利用于菌液快速吸干。
2. 在滴加有受体菌的平板上再加供体菌，每加一处后接种环必须进行火焰灭菌，以免将一种菌液混入另一杂交区域。

八、思考题

1. 如果有两个菌株都能在所有 8 株已知缺失突变菌株的区域生长，但其中一个在对照区域生长，而另一个菌株则不生长。怎样解释这种现象？
2. 若获得几株突变菌株，怎样才能确定它们的突变位点？

实验35 λ噬菌体DNA限制性内切酶图谱分析

λ噬菌体是分子遗传学研究中常用的生物材料，其DNA的酶切片段常作为测定DNA分子量大小的标准物。限制性内切酶是一类能识别双链DNA分子中特异碱基序列的DNA水解酶，主要存在于原核细胞中。根据这些酶的差别，可分别命名为Ⅰ、Ⅱ、Ⅲ型。Ⅰ型和Ⅲ型限制性内切酶在同一蛋白分子中兼有修饰（甲基化）作用及依赖于ATP的限制（切割）活性，但不能在特异序列中降解DNA，因此在它的酶图谱分析与分子克隆中很少应用，主要应用的是Ⅱ型酶，因为这种类型的酶能识别高度特异性的4~6个核苷酸序列，切割后产生5′端突出的互补单链末端（粘性末端）或没有单链突出的平端（或称钝端）。这两种末端均可用T_4连接酶进行连接。虽然DNA平端连接效率较粘性末端效率低，但其具有普遍适应性，因此成为分子生物学常用的一种DNA连接策略。

缓冲系统是影响限制性内切酶效果的重要因素，不同的限制性内切酶需用不同的缓冲系统。通常分为A、B、C、D、E和H等种类。通用的缓冲液含50 mmol/L Tris-HCl（pH 8.0），10mmol/L MgC_{l2}，1mmol/L 二硫苏糖醇（DTT）和100μg/ml 牛血清蛋白等，而且还可根据NaCl的浓度不同又分为低盐、中盐和高盐缓冲液。为了使用方便，一般先配制成10×缓冲液保存于-20℃，使用时按反应体积的1/10量加入反应体系。DNA酶切反应体积一般为20~100μl，大多数限制性内切酶的最适温度为37℃，反应时间多为1~1.5h，一般不超过3h。将酶切反应后的DNA样品经适当浓度琼脂糖凝胶电泳便可确定DNA分子的限制位点。

本实验用限制性内切酶 *EcoR* Ⅰ 和 *Hind* Ⅲ 对噬菌体λDNA作初步的限制性内切酶图谱分析。λDNA是线状双链DNA，*EcoR* Ⅰ 在其上有5个切点，产生6个片段，通过琼脂糖凝胶电泳可将这几条片段分离开。如何重建这6个片段呢？可用两种限制性内切酶同时或先后作用于λDNA。例如λDNA经 *EcoR* Ⅰ 切割后在凝胶上分离开来的6条带可洗脱出来，然后分别将这6条片段用 *Hind* Ⅲ 切割。结果表明片段1上没有 *Hind* Ⅲ 酶切点，而片段2上有2个 *Hind* Ⅲ 切点，完整线状λDNA上有6个 *Hind* Ⅱ 酶切点产生7条片段。根据片段大小和酶切点之间关系可作出初步的限制性内切酶图谱。将限制性内切酶图谱转化为基因排列图，最常用的方法是Southern blot，即将电泳后的酶切片段与特殊基因DNA或其RNA探针杂交，从而将此基因定位于一定的酶切片段上。

一、实验目的

1. 熟悉限制性内切酶降解DNA的基本要求，掌握其要点。

2. 学会根据限制性内切酶谱分析绘制图谱。

二、实验材料

λ噬菌体 DNA（提取方法见实验 31）。

三、仪器设备

恒温水浴锅，振荡器，琼脂糖凝胶电泳装置，进样枪，离心机，凝胶电泳成像系统，微量移液器及吸头，Eppendorf 管。

四、药品试剂

λDNA/EcoR I 标准品，λDNA/Hind III 标准品，λDNA/（EcoR I +Hind III）标准品，限制性内切酶 EcoR I 和 Hind III，限制性内切酶反应 10×缓冲液，琼脂糖凝胶电泳缓冲液，琼脂糖凝胶中回收 DNA 系统。

五、实验步骤

（一）λDNA-EcoR I 酶解反应

1. 取一无菌新 Eppendorf 管依次加入 16μl 无菌去离子水、2μl 10×EcoR I 缓冲液、1μl EcoR I 酶，最后加入 λDNA1μl（总反应体积为 20μl），此为小量酶解反应体系，主要用于酶切鉴定。如需制备基因片段，可选用大量酶解反应体系，反应体积为 50~100μl，相应扩大各种试剂的加入量。

2. 轻轻地将 Eppendorf 管中反应试剂混合均匀，置 37℃水浴保温 1~1.5h 后终止反应（根据不同酶说明书的要求）。

3. 取出样品进行适当浓度的琼脂糖凝胶电泳（琼脂糖凝胶电泳参见本书其他有关部分。考虑到要从凝胶中回收 DNA，可选用低熔点琼脂糖制胶）。

（二）从琼脂糖凝胶中回收 DNA 片段

1. 在长波紫外灯下小心切下含有待回收 DNA 片段的凝胶装入 Eppendorf 管中。

2. 将 Eppendorf 管中凝胶轻轻弄碎，加入 2~5 倍体积的 TE 缓冲液，置 65℃保温 10min，取出冷却至室温。

3. 取出回收管，加入等体积的饱和酚充分混匀后经 4 000×g 离心 10min。

4. 取水相于另一 Eppendorf 管中，再用等体积的氯仿-异戊醇（24:1）混合物提取一次。

5. 经 4 000×g 离心 10min 后将上清液转入另一新 Eppendorf 管中，加入 0.2 倍体积的 10mol/L 乙酸铵和 2 倍体积的冷乙醇，混匀后室温静置 10min。

6. 经 12 000×g，4℃离心 20min。弃上清液，用 70%乙醇淋洗两次；将 DNA 样品置于

65℃烘 5~10min 至干燥,加入适量的 TE 缓冲液或无菌去离子水溶解 DNA。

7. 取少量溶解的 DNA 样品进行琼脂糖凝胶电泳,检测回收 DNA 的纯度与浓度。

8. 同样方法回收其他 5 个 DNA 片段。

(三) λDNA-HindⅢ 酶解反应

1. 取一无菌新 Eppendorf 管,依次加入 13~15μl 双蒸水、2μl 10×HindⅢ 缓冲液、1μl HindⅢ 酶,最后加入 λDNA-EcoRⅠ 酶解后回收的一个片段 DNA 10μl。同样取 5 只 Eppendorf 管,做成其他 5 个片段的 HindⅢ 反应系统。

2. 将酶切反应系统轻轻混匀后,置于 37℃ 水浴保温 1~1.5h 后终止反应。

3. 取适量样品用于琼脂糖凝胶电泳分析。同时用 λDNA/EcoRⅠ 标准品、λDNA/HindⅢ 标准品、λDNA/(EcoRⅠ+HindⅢ) 标准品对照。

(四) λDNA/EcoRⅠ+HindⅢ 双酶解反应

双酶解反应在两个酶反应条件相同或相近时,可参照小量酶解反应进行。当反应条件不同,例如缓冲液 NaCl 浓度要求相差太远时,酶活性受到抑制,需分别进行酶解反应,可从低盐到高盐的次序进行。先用低盐缓冲液进行相应的酶解反应,再补加 NaCl,同时将反应体积扩大至 30μl。如果不用这种方法,可采用乙醇沉淀法,将已被一种酶降解的 DNA 沉淀后,重新建立反应体系。每种限制性内切酶都有其最佳反应条件,一般来说,标定酶单位的条件就是反应的标准条件。各限制性内切酶产品往往对同一种酶也推荐使用不同的反应条件,因此建议按照产品说明书进行操作。本实验采用乙醇沉淀法,先沉淀被一种酶酶解的 DNA,然后重建反应体系。

1. 取一无菌新 Eppendorf 管,依次加入 16μl 无菌去离子水、2μl 10×EcoRⅠ 缓冲液、1μl EcoRⅠ 酶,最后加入 λDNA 1μl,轻轻混合均匀。

2. 将样品液置于 37℃ 水浴保温 1~1.5h 后终止反应。

3. 用乙醇沉淀法将已被一种酶酶解的 DNA 沉淀(参见本书其他部分)。

4. 加入无菌去离子水 17μl,使沉淀干燥后的 DNA 溶解。

5. 在 DNA 样品液依次加入 2μl 10×HindⅢ 缓冲液和 1μl HindⅢ 酶。

6. 轻轻混匀后,置 37℃ 水浴保温 1~1.5h 后终止反应。

7. 取适量的酶切样品进行琼脂糖凝胶电泳。同时用 λDNA/EcoRⅠ 标准品、λDNA/HindⅢ 标准品、λDNA/EcoRⅠ+HindⅢ 标准品作为对照。

六、实验结果

1. 在紫外灯光照射下观察或拍照记录单酶切和双酶切的实验结果并分析其原因。

2. 绘制 λDNA/EcoRⅠ+HindⅢ 酶切图谱。

七、注意事项

1. 操作步骤中提出的 DNA 和酶的加入量可依不同产品批次进行调整,反应总体积不变。

2. 一般最后加入 DNA 样品，以免操作不当引起试剂污染。
3. 用微量进样器加样时每次要更换枪头（除先加水外），避免交叉污染。
4. 当样品加入反应管后要将 Eppendorf 管盖上，以免保温时水蒸气进入管内。

八、思考题

1. 设计一个质粒 pBR322 的 *EcoR* I、*Hind* III 和 *BamH* I 酶切实验，并分析酶切图谱。
2. 要测定 λDNA 酶解后各片段的大小，能否用不同的质粒 DNA 样品直接作对照？为什么？

实验 36　基因互补测验

基因是生物遗传物质的最小功能单位，基因是可分的。要确定一个基因的界限，不能依赖不同突变型之间的重组频率，而必须进行功能分析。通过突变体的互补作用进行互补测验来确定基因的界限。

所谓互补作用是指两个突变型染色体同处于一个细胞，由于相对应野生型基因的互相补偿而使其表型正常化的作用。如果说重组是 DNA 分子之间直接相互作用的话，那么互补则是在基因表达水平上的作用。互补测验有两个基本条件：①两个突变型染色体同处在一个细胞形成二倍体或部分二倍体；②这两个突变型染色体之间不发生重组或者只发生可忽略不计的极少重组。

互补作用可以用来确定两个突变是属于同一基因还是属于不同的基因。如果是同一基因内两个不同位点的突变，它们就不能互补；如果是不同基因的突变则是互补的，此为基因间互补。有时同一基因内的两个突变位点也能发生基因内互补，但基因内互补所恢复的酶活性一般最多只有野生型酶活性的 25%，而基因间互补则为 100%，因此基因间互补与基因内互补是可以区别的。具有基因内互补作用的基因产物是由几个亚基（多肽链）组成的，这种互补作用是两个不同结构变化的亚基互补而出现具有活性的蛋白质。尽管基因内互补是可以区别于基因间互补的，但互补测验比较复杂。这种测验复杂化的原因包括：①某些结构基因突变（包括转座子插入突变）为极性突变。极性效应影响到突变基因随后结构基因的产物量，这两个基因的突变表型不能互相补偿；②某些调节基因的超阻遏突变，如乳糖操纵子的调节基因 i^s 突变，它的突变和 Z^-Y^- 双重突变的表型相同，i^s 和 z^-、i^s 和 y^- 都不能互补，这些对互补结果的分析带来一定的难度。

本实验进行乳糖发酵基因的互补测验。除以上所提及的干扰以外，一般来说，所有的 Z^- 突变型能和所有的 Y^- 突变型进行互补，各个 Z^- 突变型之间或各个 Y^- 突变型之间都不能互补。所以一个未知的 lac^- 突变型可以通过互补作用来测定它属于哪一个基因。为避免重组的发生，采用带有已知 lacZ 或 lacY 突变的重组缺陷型 $recA^-$ 作为受体菌，将未知的 F $lac^- pro^+$ 转入细胞进行互补测验。互补作用发生在每一个杂合子细胞中，而重组只发生在少数细胞中。低浓度菌液可避免重组的发生而不影响互补现象的出现。

一、实验目的

1. 进一步理解基因的概念。
2. 掌握进行细菌互补测验的方法，学会判断发生互补作用与分离现象。

二、实验材料

菌株：
  受体菌：大肠杆菌（*Escherichia coli*）FD1008：lacY strA thi recA
      大肠杆菌（*E. coli*）FD1007：trp lacZ thi strA recA
  供体菌：大肠杆菌（*E. coli*）CSH40：F lacY proA$^+$B$^+$/△（lac pro）thi
      大肠杆菌（*E. coli*）CSH14：F lacZ proA$^+$B$^+$/△（lac pro）thi supE

三、仪器设备

恒温水浴锅，振荡混合器，高压灭菌锅，分光光度计，三角瓶，移液管，培养皿。

四、药品试剂

LB 培养液（5ml/试管）16 支，无菌生理盐水（4.5ml/试管）36 支，含链霉素、乳糖和色氨酸的基本培养基平板 12 皿，乳糖 EMB 链霉素培养基平板 16 皿，基本缓冲液 250ml，β-ONPG 溶液（4mg/ml）4ml，无菌小试管 12 支。

五、实验步骤

1. 将供体菌和受体菌分别接入 5ml LB 培养液中，37℃振荡培养过夜。
2. 按表 36-1 的组合将供体菌与受体菌按 1:1 进行混合于无菌试管中，置 37℃轻摇 30min。
3. 将 4 组混合物分别稀释至 10^{-5}；各取 10^{-4}、10^{-5} 稀释液 0.1ml 分别涂布在含链霉素和色氨酸平板上，同时取供体菌和受体菌液 0.1ml 分别涂在以乳糖作为惟一碳源的基本培养基（含 V_{B1}）平板上作为对照，置 37℃培养 2d。

表 36-1   供体菌与受体菌互补方式

菌株	CSH40	CSH14
FD1008		
FD1007		

4. 观察平板上长出的菌落并计数。从 4 种互补实验平板上各随机挑选几个菌落分别在 EMB 乳糖平板上画线分离，将平板置于 37℃培养 2d。
5. 观察 EMB 乳糖平板上长出的菌落是否有分离现象。
6. 将 4 种实验菌株及 EMB 乳糖培养基上长出的互补菌落（共 12 株）分别接种在含乳糖的 5ml LB 液体中，置 37℃振荡培养过夜。

7. 过夜培养物经 4000×g 室温离心 10min，去上清液；用基本缓冲液洗涤菌体后制成悬浮菌液，调节细胞密度至 $OD_{600} \approx 0.3$。取 1ml 菌液，加 1 滴甲苯，立即振荡 10s，打开试管置 37℃ 摇动 40min 以除去甲苯，然后在 37℃ 水浴中按以下程序进行 β-半乳糖苷酶的定量测定。

取 1ml 经上述处理的菌悬液，加入 0.2ml β-ONPG（O-nitrophenyl β D galactoside 邻硝基苯，β D-半乳糖苷贮藏浓度为 4mg/ml，溶液应为无色）轻轻摇动 5min 后再加入 0.5ml Na_2CO_3（1mol/L）中止反应。取出反应混合物用分光光度计测定 OD_{420} 值，比较各菌株的测定值。

六、实验结果

将实验结果填入表 36-2 中。

表 36-2　　　　　　　　　几个实验菌株互补测验结果

实验菌株	CSH40			CSH14		
	互补	菌悬液浊度	酶活力	互补	菌悬液浊度	酶活力
FD1008						
FD1007						

七、注意事项

进行互补测验的菌悬液中细胞密度应保持低浓度，因为高浓度会导致重组发生。

八、思考题

1. 怎样观察与分析在 EMB 乳糖平板上出现的分离现象？
2. 本实验应用了一个互补测验系统。根据互补测验的条件，指出其他可能的互补测验系统，并简述其原理。

实验 37 动物基因组总 DNA 的分离

分离动植物 DNA 是分子遗传学的基本操作，是进行基因组 DNA 序列分析、遗传标记分析、基因克隆、基因定位等的基本步骤。不同的研究目的对 DNA 的纯度和量的要求不尽相同。例如，在构建用于筛选植物基因或其他诸如 RFLP 这样的遗传标记基因组 DNA 文库时，需要使用高相对分子质量、高纯度的 DNA；而在进行遗传标记分析时，对 DNA 纯度的要求就可以低一些，但其他要求如 DNA 的产量则显得更为重要了。

一般而言，一个好的 DNA 分离程序应符合以下三个主要标准：①所得 DNA 的纯度应满足下游操作的要求；用于 RFLP 分析的 DNA，其纯度的要求为可用限制性内切酶完全酶解并可成功地转移到膜上进行 Southern 杂交；用于 PCR 分析的 DNA 则不应含干扰 PCR 反应的污染物；②所得 DNA 应当完整，电泳检查时给出精确性高、重复性好的迁移带型；③所得 DNA 应有足够的量，以满足不同的研究目的。

动植物 DNA 的提取程序应包括以下几个主要步骤：

首先，对植物细胞来说，必须破碎（或消化）细胞壁，释放出细胞内容物。然而许多操作在破壁的同时也会剪切 DNA，因此任何方法都是在 DNA 的产量和完整性这两个方面之间折中考虑的结果。分离总基因组 DNA 常用的破壁方法是将植物组织研磨成细粉；或者将新鲜植物组织在液氮中快速冷冻后，用研钵将其磨成粉。分离核 DNA 或细胞器 DNA 时则应采取更为温和的破壁方法，以免过早破坏内膜系统，人们通常在含有渗透剂的缓冲液中用 4℃ 下匀浆的方法来破壁。动物组织块也可经液氮中冷冻后用研钵研磨成粉。

其次，必须破坏细胞膜使 DNA 释放到提取缓冲液中。这一步骤通常靠诸如 SDS 或 CTAB 一类的去污剂来完成。去污剂还可以保护 DNA 免受内源核酸酶的降解。通常提取缓冲液中还包含 EDTA，它可以螯合大多数核酸酶所需的辅助因子——镁离子。

最后，一旦 DNA 释放出来，其剪切破坏的程度一定要降到最低。剧烈振荡或小孔快速抽吸都会打断溶液中高相对分子量的 DNA。一般来说，如果操作得当，可以得到 50~100kb 的 DNA。

不过，分离高相对分子质量的 DNA 还只是工作的一部分。因为在 DNA 粗提物中往往含有大量 RNA、蛋白质、多糖、丹宁和色素等杂质，这些杂质有时很难从 DNA 中除去。大多数蛋白可通过氯仿或苯酚变性处理后变性、沉淀除去，绝大部分 RNA 则可通过经处理过的 RNaseA 除去。

从动物组织块、培养细胞、血液、毛发等均可分离出 DNA，根据下列方法制备的哺乳动物 DNA 相对分子质量约 20~50kb，适于作 PCR 反应的模板。DNA 产量在 0.5~3.0μg/mg 组织之间变化，或者是 5~15μg/300μl 全血。

一、实验目的

1. 了解分离基因组 DNA 的原理及要求。
2. 学习分离动物 DNA 的常用方法。

二、实验材料

哺乳动物组织或全血。

三、仪器设备

连有真空管的抽吸装置，研钵和研棒，恒温水浴锅，离心机，冰柜。

四、药品试剂

1. 裂解缓冲液
   10mmol/L Tris-HCl（pH8.0）
   1mmol/L EDTA（pH8.0）
   0.1%（W/V）SDS
   缓冲液贮存于室温，但是在进行步骤 2 之前需冰冻一部分。
2. 乙醇，异丙醇。
3. 醋酸钾溶液
   60ml 的 5mol/L 醋酸钾
   11.5ml 冰醋酸
   28.5ml 蒸馏水
   溶液中钾离子浓度为 3mol/L，醋酸根浓度为 5mol/L。缓冲液于室温保存。
4. 红细胞裂解缓冲液：20mmol/L Tris-HCl（pH7.6）。
5. TE 缓冲液：10mmol/L Tris-HCl，1mmol/L EDTA，pH7.6。
6. 无 DNase 的 RNase（4mg/ml），蛋白酶 K（20mg/ml）。

五、实验步骤

1. 准备用于分离 DNA 的组织或全血：
   组织：①切下 10~20mg 动物组织；②用剃刀或解剖刀切碎组织或者将组织冷冻于液氮中，然后用在液氮中预冷的研钵研磨成粉。
   血液：①在两个微量离心管中分别转移 300μl 全血样品，每管中加入 900μl 红细胞裂解缓冲液，盖上盖子，颠倒混匀，然后将溶液于室温下放置 10min，中间颠倒混匀几次；②室温下用最大转速离心 20s；③每管保留 20μl 上清液，弃去其他部分；④用剩余的少量上清液重悬白细胞沉淀，并将两管中的沉淀合成一管。

2. 将切碎的组织或者重悬的白细胞沉淀转移到加有 600μl 冰冷的细胞裂解缓冲液的离心管中。用微量研棒迅速研磨 30~50 下，混匀悬浊液（冰冷的细胞裂解缓冲液可能导致 SDS 沉淀，使溶液看起来浑浊。这种沉淀不影响 DNA 的分离）。

3. 向裂解产物中加入 3μl 蛋白酶 K，以增加基因组 DNA 的产量。消化液于 55℃ 放置 3h 以上，但不要超过 16h。

4. 消化液降至室温，然后加入 3μl 的无 DNase 的 RNase，37℃ 放置 15~60min。

5. 将样品降至室温。加入 200μl 醋酸钾溶液，剧烈振荡 20s，使其充分混合。

6. 用 5 000r/min，4℃ 离心 3min，使蛋白/SDS 复合物沉淀出来。离心后，在管子底部应该可以看到一小片蛋白沉淀。

7. 将上清液转移到加有 600μl 异丙醇的新离心管中，充分混匀，-20℃ 冰柜中放置 30min，然后用 5 000r/min 室温下离心 1min。

8. 吸去上清液，加入 70% 的乙醇。颠倒管子数次，5 000r/min 室温下离心 1min。

9. 小心吸取上清液，空气中干燥 DNA 沉淀 15min。

10. 将 DNA 沉淀溶解于 100μl TE（pH7.6）。室温下放置 16h 或者 65℃ 放置 1h 可以加快基因组 DNA 的溶解。

六、实验结果

DNA 经乙醇沉淀、离心后会在离心管底部形成絮状沉淀。也可用琼脂糖凝胶电泳、紫外分光光度法对经 TE 溶解的 DNA 质量进行检测。

实验 38　植物基因组总 DNA 的分离——CTAB 法

植物体的各种器官、组织都可用于提取基因组总 DNA，但最方便、最常用的材料是叶片，而且新鲜或经脱水处理的叶片均可。相对来说，新鲜叶片的产率要高一些，因此，实验中要尽量选用新鲜叶片。

CTAB（十六烷基三甲基溴化铵）是一种阳离子去污剂，具有从低离子强度的溶液中沉淀核酸和酸性多聚糖的特性，在这种条件下，蛋白质和中性多聚糖仍留在溶液里；在高离子强度的溶液里，CTAB 与蛋白质和除大多数酸性多聚糖以外的多聚糖形成复合物，只是不能沉淀核酸。因此，CTAB 可以用于从大量产生粘多糖的有机体如植物以及某些细菌中制备纯化 DNA。

CTAB 法分离基因组总 DNA 相对较为简单，并已成功地从一系列的单子叶和双子叶植物中提取出总 DNA。虽然得到的 DNA 纯度并不很高，但仍能满足限制性内切酶分析或 PCR 扩增的要求。产率一般为 100~200μg/g 鲜重。

一、实验目的

1. 了解植物 DNA 分离的原理与方法。
2. 掌握 CTAB 法大量分离植物 DNA 的方法与技术。

二、实验材料

植物新鲜叶片。

三、仪器设备

天平，研钵和研棒，50ml 聚丙烯离心管，水浴锅，离心机（转速至少可达 5 000×g），冰箱。

四、药品试剂

液氮，1×CTAB 缓冲液（50mmol/L Tris-HCl，pH 8.0；0.7mol/L NaCl；10mmol/L EDTA，pH 8.0；1%CTAB；20mmol/L 2-巯基乙醇）（用前加入），氯仿/异戊醇(24∶1)，

RNaseA（2 000U/ml，用 0.15mol/L NaCl，0.015mol/L 柠檬酸钠配成 10mg/ml，使用前 100℃热处理 15min 除去残留的 DNase 活性），异丙醇，70%、76%乙醇，0.2mol/L 乙酸钠，TE 缓冲液（10mmol/L Tris-HCl，1mmol/L EDTA，pH 8.0）。

五、实验步骤

1. 将 10g 新鲜植物材料用液氮速冻，然后在研钵中将其磨碎，在化冻之前将粉末转移至一 50ml 聚丙烯离心管中，然后加入 20ml 预热至 90℃的 2×CTAB 提取缓冲液。轻轻转动离心管，混匀，然后置于 65℃水浴放置 90min。

2. 混合物冷至室温后加入等体积的氯仿/异戊醇。轻轻颠倒离心管几次使管内混合物成乳状液。室温下 5 000×g 离心 10min 分相。

3. 将上清液（水相）转移至一干净离心管中，加入 1/100 体积 RNase A 贮液，颠倒混匀，37℃保温 30min。

4. 加入 0.7 体积的异丙醇，仔细混匀，室温放置 15min 沉淀 DNA。

5. 用一玻璃钩将 DNA 钩出，并转移至一装有 5ml 76%乙醇，0.2mol/L 乙酸钠的干净离心管中，冰上放置 20min，然后转移至一装有 5ml 70%乙醇的离心管中，冰上旋转 5min。

6. 将 DNA 转移至一干净离心管中，空气干燥 15min，溶于尽可能少的 TE 缓冲液中（可多达 5ml，视 DNA 的量和纯度而定）。若要使 DNA 样品加速溶解并除去其中残留的 DNase 活性，可置于 65℃水浴加热 10min。4℃贮存。

六、实验结果

DNA 经乙醇沉淀、离心后会在离心管底部形成絮状沉淀。也可用琼脂糖凝胶电泳、紫外分光光度法对经 TE 溶解的 DNA 质量进行检测。

七、注意事项

1. CTAB 溶液在低于 15℃时会析出沉淀，因此在将其加入冷冻的植物材料中之前必须预热。

2. 最适条件下，DNA-CTAB 沉淀呈白色纤维状，很容易从溶液中钩出。不过，某些植物的 DNA 沉淀中可能含有杂质，特别是多糖，使 DNA 沉淀呈絮状或胶状。这种情况下可能需要稍事离心才能得到 DNA-CTAB 沉淀。不过应当注意避免使沉淀过分压紧，因为这种沉淀极难重新溶解。

3. 某些植物的 DNA 由于褐色多酚类化合物的存在会出现变色现象，这种变色通常不会影响后续的实验操作。但如果发现有影响，可以向提取缓冲液中加入 2%（W/V）的聚乙烯吡咯烷酮（PVP，相对分子质量 10 000U）有助于除去多酚类杂质。

4. 本实验方法也适用于提取硅胶干燥植物材料中的 DNA。在有些实验研究（如野外采集大量材料）中，不能立即对新鲜叶片中的 DNA 进行提取，可将叶片放入装有变色硅胶的塑料袋中，密封袋口，然后将其带回实验室，进行 DNA 提取工作。

实验 39　植物基因组总 DNA 的分离 ——CTAB 微量法

CTAB 微量分离基因组总 DNA 的原理与实验 38 相同，具体操作方法略有改进。该方法的优点是可以从少量植物材料中提取 DNA，特别适合于对众多样品（如植物群体）的基因组特征进行研究。目前，这种提取 DNA 的方法已广泛用于植物遗传学研究的许多领域。

一、实验目的

学习并掌握 CTAB 微量法分离植物基因组总 DNA 的方法。

二、实验材料

植物新鲜叶片。

三、仪器设备

Eppendorf 管，圆头玻棒（其圆头刚好可与 Eppendorf 管底部相吻合），微型离心机，恒温水浴锅，冰箱，微量移液器及吸头。

四、药品试剂

1. CTAB 提取缓冲液（-CTAB）：50mmol/L Tris-HCl pH 8.0，0.7mol/L NaCl，10mmol/L EDTA pH8.0。
2. CTAB 提取缓冲液（+CTAB）：上述溶液中再加入 2%CTAB 和 40mmol/L 2-巯基乙醇。
3. 其他试剂与 CTAB 大量法提取总 DNA 相同。

五、实验步骤

1. 在一装有 400μl 冰冷的 CTAB 提取缓冲液（-CTAB）的 Eppendorf 管中用圆头玻棒磨碎约 1~2cm^2 的新鲜幼嫩叶片。

2. 加入 500μl 65℃预热的 CTAB 提取缓冲液（+CTAB）混匀，65℃保温 90min，不时颠倒混匀。

3. 待冷至室温后加入 450μl 氯仿/异戊醇，颠倒混匀至溶液呈乳浊状——但不要振荡，离心 2min 分层。

4. 将液相转移至一干净 Eppendorf 管中，加入 5μl RNaseA 贮液，室温下保温 30min。

5. 加入 600μl 异丙醇，颠倒混匀。

6. 微型离心机中离心 10min 沉淀 DNA，去上清液。依次用 800μl 76%乙醇、0.2mol/L 乙酸钠和 100μl 70%乙醇洗涤沉淀。

7. 离心沉淀 5min，然后吸去残留的乙醇，晾干。

8. DNA 沉淀溶解于 100μl TE 缓冲液中，4℃保存。

六、实验结果

DNA 经异丙醇沉淀、离心后会在离心管底部形成絮状沉淀。也可用琼脂糖凝胶电泳、紫外分光光度法对经 TE 溶解的 DNA 质量进行检测。

实验 40　植物基因组总 DNA 的分离——SDS 法

SDS（十二烷基磺酸钠）是一种强去污剂，可使细胞膜及核膜破裂，因此被用来分离 DNA。该分离过程的第一步是用热的去污剂（SDS）进行抽提，然后将抽提物置 0℃ 并加入高摩尔浓度的乙酸钾，离心去除不溶物，以去除蛋白和多糖类杂质。

一、实验目的

1. 了解 SDS 法分离植物 DNA 的原理。
2. 学习 SDS 法分离植物 DNA 的方法。

二、实验材料

植物新鲜叶片。

三、仪器设备

天平，研钵和研棒，50ml 离心管，恒温水浴锅，冰盒，冷冻离心机（至少可达 25 000×g），-20℃ 冰箱，Eppendorf 管，微量移液器及吸头，微量离心机，冰箱。

四、药品试剂

液氮，提取缓冲液（500mmol/L NaCl；100mmol/L Tris-HCl，pH8；50 mmol/L EDTA，pH 8.0；10mmol/L 2-巯基乙醇）（用前加入），20% SDS（pH7.2），5 mol/L 乙酸钾，5× TE 缓冲液（50 mmol/L Tris-HCl，5 mmol/L EDTA，pH 8.0），RNaseA（2 000 U/ml，经热处理），3 mol/L 乙酸钠，异丙醇，TE 缓冲液（10 mmol/L Tris-HCl，1 mmol/L EDTA，pH 8.0）。

五、实验步骤

1. 将 2g 新鲜植物叶片置于液氮中速冻，用研钵磨成细粉。
2. 将冷冻粉末转移至一 50ml 离心管中并加入 15ml 提取缓冲液。轻轻旋转混匀。

3. 加入 1ml 20% SDS，混匀，65℃保温 10min，并不时轻轻旋转混匀。

4. 加入 5ml 5mol/L 乙酸钾，混匀后冰上放置 20~30min。

5. 25 000×g，4℃离心 20min。

6. 上清液用纱布过滤，转移至一干净的 50ml 离心管中，加入 10ml 异丙醇，轻轻颠倒混匀，-20℃放置 40min 沉淀核酸。

7. 2 000×g，4℃离心 20min，去上清液，晾干沉淀 5min。

8. 用 700μl 5×TE 缓冲液溶解沉淀并转移至一 Eppendorf 管中。

9. 加入 7μl RNaseA 贮液，37℃保温 1h。

10. 加入 75μl 3mol/L KAc，轻弹混匀，离心 15min 沉淀不溶性杂质。

11. 将上清液转移至一装有 500μl 异丙醇的干净管中，轻轻混匀，室温下放置 5min。

12. 微型离心机离心 15min 沉淀 DNA，去上清液并用 500μl 70% 乙醇清洗沉淀。再次离心 5min，吸去乙醇。

13. 沉淀物溶解于 200μl TE 缓冲液中，4℃保存。

六、实验结果

DNA 经异丙醇沉淀、离心后会在离心管底部形成絮状沉淀。也可用琼脂糖凝胶电泳、紫外分光光度法对经 TE 溶解的 DNA 质量进行检测。

七、注意事项

1. 将 SDS 溶液加入到化冻的提取物中时，可能会有沉淀析出，要保证析出的 SDS 重新溶解，以及 65℃保温时提取物混合均匀。

2. 在高浓度（>1mol/L）的钾离子存在的情况下，SDS 会与蛋白质或多糖结合变成不溶性的十二烷基磺酸钾复合物，这类复合物通常呈絮状，必须要经较高转速离心和纱布过滤予以去除。

实验 41　DNA 纯度、浓度及分子量的检测

用前面实验中介绍的方法一般都可从动、植物材料中成功分离出基因组 DNA，但在进行后续的实验研究之前必须对所提取的 DNA 纯度、浓度及片段大小进行测定。较纯的 DNA 溶液可通过测定其 200~300nm 范围内的紫外吸收光谱来进行定量：DNA 在 260nm 处有一个明显的吸收锋。根据 A_{260} 值可估测浓度（$1.0A_{260} = 50\mu g/ml$，1cm 光程），而 A_{260}/A_{280} 比值则可估测其纯度（纯 DNA 溶液的 A_{260}/A_{280} 值应为 1.8 ± 0.1）。

若 DNA 不够纯，由于 RNA 或非核酸类杂质的干扰，通过紫外吸收测算的数据可能会有出入。这时，可通过琼脂糖凝胶电泳加溴化乙锭染色的方法来定量。在低浓度琼脂糖凝胶（0.65%）中加入 50~100ng 样品 DNA，并排依次加入 25~200ng 经酶解的 λDNA 标准，高相对分子质量 DNA（Mr>50kb）应为一条靠近 λDNA 的清晰条带。该条带以下的片状模糊区是机械或化学降解，更为靠近胶底部的模糊条带则是样品 DNA 中混杂的 RNA。

本实验采用琼脂糖凝胶电泳方法检测 DNA 纯度、浓度及分子量。在中性 pH 值的电泳缓冲体系中，DNA 分子带负电荷，从负极向正极泳动，迁移速度与分子量的对数值成反比。对于分子量相同而立体构型不同的分子则是结构紧密的球形分子比结构松散的分子迁移快。实质上琼脂糖凝胶电泳除具有电荷效应外，还有分子筛效应。通过与已知浓度和分子量大小的标准 DNA 片段进行对照电泳，观察其带型和迁移距离，即可获知未知样品的纯度、浓度和分子量大小。

一、实验目的

1. 学习水平式琼脂糖凝胶电泳技术。
2. 掌握对 DNA 的纯度、浓度及分子量的检测方法。

二、实验材料

实验 37~40 中分离的 DNA 样品。

三、仪器设备

电泳仪，紫外检测仪，水平式电泳槽，水浴锅，微量移液器及吸头。

四、药品试剂

λDNA 经酶切样品，电泳缓冲液（40mmol/LTris-HCl，pH8.0；20mmol/L NaAc；2mmol/L EDTA），琼脂糖（电泳纯），0.05%溴酚蓝-50%甘油指示剂溶液，0.5mg/ml 溴化乙锭（EB）母液。

五、实验步骤

1. 琼脂糖凝胶的制备：称琼脂糖0.7g置烧杯中，加电泳缓冲液70ml，于微波炉中加热至琼脂糖全部溶解。待冷却至60℃，再罐胶。

2. 罐胶：用透明胶带封堵电泳槽两端，将其放在水平台上，再把60℃的琼脂糖胶液倒入其中，随即将合适的样孔梳放在胶固定位置，横跨在模子两端的两个边缘上，使梳子齿稍离开底玻璃约1mm，以防样品漏出凝胶。当琼脂糖胶凝固后，轻轻拔出梳子和两端的挡板，倒入电泳缓冲液，凝胶应全部浸在缓冲液中，但不能高出胶面1cm，用吸管去掉样孔中的气泡。

3. 加样：每样孔取10~20μl（含DNA约0.5~10μg）标准DNA或待测DNA，与溴酚蓝-甘油溶液混合均匀（DNA：染料=4：1V/V），用微量移液器将混合液加到样品槽中，记录样品的点样次序和样量。

4. 电泳：安装好电极导线，点样孔一端接负极，另一端接正极，打开电源，调电压至3~5V/cm，电泳1~2h，至溴酚蓝迁移到距凝胶前沿1cm左右，关上电源，停止电泳。

5. 染色和观察：取出凝胶浸入0.5μg/ml左右的溴化乙锭溶液中，染色30min后，置254nm紫外线灯下观察，有橙红色荧光条带的位置，即为DNA条带。也可在紫外灯光下照相记录电泳图谱。

六、实验结果

可直接从凝胶上或照片上，测定其迁移距离，用迁移率对分子量或分子大小绘制坐标图，将得出一条曲线，根据未知样品的迁移率，即可从曲线上查出片段的大小。

七、注意事项

1. 1.0%的琼脂糖凝胶适合分离1~25kb大小的DNA，小片段DNA（200~2 000bp）用1.5%凝胶，大片段（20~100kb）用0.5%凝胶分离。

2. 溴化乙锭是致癌剂，操作时要小心，必须戴手套。

3. 影响DNA分子在电泳系统中的迁移率有多种因素。除取决于分子大小和构型不同之外，还有凝胶的浓度、电压高低、缓冲液pH值和电泳时的温度等，为了得到较准确的结果，应注意以下条件：

(1) 每次测定要有已知分子量的 DNA 作标准进行对照电泳。常采用的是 λDNA 的酶切片段。

(2) 电压一般不超过 5V/cm，否则 DNA（片段）分子迁移速度与电压不成正比。

(3) 长时间的电泳过程中，电泳槽两端中的缓冲液离子强度差异很大，因而两端要能相互沟通，保持离子强度一致。

实验 42　植物细胞线粒体 DNA 的提取

在真核生物中，除核基因组外，还存在细胞质基因组，即线粒体基因组和绿色植物中的叶绿体基因组。线粒体基因组和叶绿体基因组均为环状分子，它们的大小随物种的不同而有所变化。线粒体 DNA（mtDNA）的大小介于 200~2500kb 之间。

细胞器基因组在遗传方式、基因组大小与结构、基因编码容量、基因表达与调控等方面均不同于核基因组，而且叶绿体、线粒体基因组又各具自身特点。核、质基因组在功能上的相互协调，是细胞进行生命活动的重要基础，因此，研究细胞器基因组的结构与功能具有重要意义。在所有细胞器基因组的研究中，分离到纯化的细胞器 DNA 是极为关键的。

分离线粒体 DNA 和叶绿体 DNA 的原理是基本一致的。本方法首先是分离完整的细胞器，然后从细胞器中提取 DNA。要获得高纯度的细胞器 DNA，关键是要把所要的细胞器与其他亚细胞结构分离开来，这可以通过差速离心或梯度离心来完成。完整的细胞器经裂解后，可以通过 CsCl 离心或酚-氯仿抽提获得 DNA。在裂解细胞器之前常用 DNase 清除非细胞器的 DNA。

本实验采用匀浆法先将线粒体从细胞中分离出来，再使线粒体发生裂解，释放出 DNA、蛋白质等，经酚抽提后即可得到提纯的 mtDNA。

一、实验目的

1. 了解细胞质基因组的特点。
2. 学习并掌握线粒体 DNA 提取方法与技术。

二、实验材料

植物幼嫩叶片。

三、仪器设备

研钵（直径 12cm）和研棒，冷冻离心机（Sorvall，Beckman 等），微型离心机（1.5ml 管），-20℃冰箱，恒温水浴锅。

四、药品试剂

缓冲液 A（研磨缓冲液）（0.4mol/L 甘露醇，50mmol/L Tris-HCl，1mmol/L Na$_2$EDTA，5mmol/L KCl，pH7.5；使用前加入 2mmol/L β-巯基乙醇，0.1%BSA，10mg/ml 聚乙烯吡咯烷酮），缓冲液 B（0.2mol/L 甘露醇，10mmol/L Tris-HCl，1mmol/L Na$_2$EDTA，pH7.2），缓冲液 C（1mmol/L Na$_2$EDTA，15 mmol/L Tris-HCl，pH 7.2），蛋白酶 K（25 mg/ml），蔗糖（20%、40%、52%、60%），MgCl$_2$（0.1 mol/L），DNase I（2 mg/ml，溶于水），TE 缓冲液（10 mmol/L Tris-HCl，1 mmol/L Na$_2$EDTA，pH 8.0），SDS（10%），RNase（30mg/ml），乙酸钠（3 mol/L），乙醇，苯酚，氯仿，异戊醇。

五、实验步骤

以下所有操作除特别指明外，均在 4℃ 进行，将研钵、研棒和离心管预冷，使用冷藏的缓冲液并在冰桶中操作。

1. 剪取幼嫩叶片，用 1% 次氯酸钠溶液消毒 15 min，无菌水冲洗 3 次，再将其剪成约 1 cm^2 的碎片。

2. 按每克材料 10 ml 研磨缓冲液的比例加入研磨缓冲液，在研钵中将叶片研磨成匀浆。用 6 层纱布过滤，并收集滤液。

3. 滤液于 4℃，3 000r/min 离心 15min，收集上清液。

4. 上清液于 4℃，10 000r/min 离心 25min，弃上清液。

5. 沉淀用缓冲液 A（不加 β-巯基乙醇、BSA 和 PVP）悬浮，并重复 4、5 两步骤，收集的沉淀即为粗线粒体。

6. 加入 MgCl$_2$ 至终浓度为 5 mmol/L，加入 DNase I 至终浓度为 30 μg/ml，冰浴 1 h 后加 Na$_2$EDTA 至终浓度为 15mmol/L 以终止 DNA 酶解反应。

7. 将粗线粒体铺于不连续浓度的蔗糖梯度上（蔗糖浓度由上至下依次为 20%、40%、52%、60%，体积依次为 7ml、10ml、10ml、7ml，由缓冲液 C 配制）。4℃，20 000r/min 超速离心 2.5 h，吸取 40% 与 52% 蔗糖界面的线粒体。

8. 在线粒体吸取物中加入 4 倍体积的缓冲液 B。4℃，10 000r/min 离心 15 min。所得沉淀即为纯净、完整且表面无核 DNA 污染的线粒体。

9. 将线粒体悬浮于裂解缓冲液中，加入 1/10 体积的 10% SDS 和 1/100 体积的 30 mg/ml RNase 液，50℃ 水浴 30 min。

10. 加入 1/150 体积的 25 mg/ml 的蛋白酶 K，37℃ 水浴 30 min。

11. 依次用苯酚、苯酚：氯仿：异戊醇（25：24：1）、氯仿抽提 DNA。

12. 加 1/10 体积 3 mol/L 乙酸钠和 2 倍体积的无水乙醇，混匀，-20℃ 放置至少 30 min，然后用微型离心机 4℃、13 000r/min 离心 15 min，收集 DNA。

13. 沉淀 DNA 用 75% 乙醇洗 2~3 次。

14. DNA 沉淀于空气中干燥后溶于少量 TE 缓冲液（10 mmol/L Tris-HCl，1 mmol/L Na$_2$EDTA，pH 8.0）中。-20℃ 保存备用。

六、实验结果

DNA 经乙醇沉淀、清洗、离心后会在离心管底部形成絮状沉淀。也可用琼脂糖凝胶电泳、紫外分光光度法对经 TE 溶解的 DNA 质量进行检测（实验 5）。

七、注意事项

用于提取线粒体 DNA 的植物最好在黑暗条件下生长，得到黄化苗，以抑制叶绿体的发育，减少分离线粒体时叶绿体的干扰。

实验 43　植物细胞叶绿体 DNA 的分离纯化

叶绿体是植物细胞中特有的细胞器,其内含有 DNA。叶绿体 DNA 呈环状,高等植物的叶绿体 DNA(cpDNA)在 120~160 kb 之间大小不一,现已发现的最大叶绿体 DNA 达到 217 kb。与分离线粒体 DNA 的方法相似,本实验首先是制备植物新鲜组织匀浆、过滤,分离出完整的叶绿体,然后通过蔗糖密度梯度离心,把叶绿体与其他亚细胞结构分离开来。完整叶绿体经蛋白酶 K 酶解后,再通过酚-氯仿抽提获得高纯度的叶绿体 DNA。

一、实验目的

学习并掌握叶绿体 DNA 提取方法和技术。

二、实验材料

植物新鲜幼嫩叶片。

三、仪器设备

搅拌器,冷冻离心机(Sorvall、Beckman 等),笔刷(优质艺术笔刷),甩平式转头的超速离心机和合适的离心管,恒温水浴锅,用于酚抽提的 50 ml 离心管,30 ml 的离心管,1.5 ml 的微量离心管,微型离心机(1.5 ml 管),-20℃冰箱,真空干燥仪。

四、药品试剂

1. 缓冲液 A(提取缓冲液):0.3 mol/L 山梨醇,50 mmol/L Tris-HCl,20 mmol/L EDTA,0.1% BSA(用前加)。

2. 缓冲液 B(裂解缓冲液):0.5% SDS,50 mmol/L Tris-HCl,0.4 mmol/L EDTA,0.1% 蛋白酶 K(W/V),pH 8.0。蛋白酶 K 用前加,由于缓冲液 B 在室温下会出现沉淀,因此,使用前可先将缓冲液加热。

3. TE 缓冲液:10 mmol/L Tris,5 mmol/L Na_2 EDTA,pH 7.5。

4. 蔗糖梯度:60%、45% 和 30% 的蔗糖,溶于缓冲液 A。

5. 尼龙筛(50μm 和 20μm),酚(TE 缓冲液饱和,pH 8.0),99% 和 70% 的乙醇,3 mol/L 乙酸钠。

五、实验步骤

以下所有操作除特别指明外均在4℃进行。将搅拌器和离心管预冷，使用冷藏的缓冲液并在冰筒中操作。

1. 准备750 ml 缓冲液 A，使用前往 500 ml 缓冲液中加入 BSA。

2. 收集 25~30 g 健康的嫩叶，在提取之前可将植株置于黑暗中培养 24~28 h 以降低淀粉含量。如果植物材料已被感染或弄脏了，可先用次氯酸钠（5%）处理 5 min，然后用自来水漂洗 2~3 次。

3. 除去叶片中间的叶脉，称重。此法适用于约 20 g 的植物材料。将叶片切成 1 cm^2 大小的碎片，将 10 g 碎片置于含有 BSA 的约 200~250 ml 的缓冲液 A 中（只有在匀浆时使用的缓冲液 A 中加入 BSA），在搅拌器中高速匀浆，每次约 10 s，重复 2~3 次。

4. 用 50 μm 的尼龙筛过滤提取物。在含 BSA 的 200~250 ml 缓冲液 A 中对所剩的碎片再次匀浆和过滤。不能通过 50 μm 尼龙筛的匀浆物可集中起来再匀浆，每次 10 s，重复两次，再过滤。

5. 用 20 μm 的尼龙筛对提取物进行第二次过滤。

6. 提取液 3 000r/min 离心 10 min。

7. 用软笔刷轻轻将沉淀重悬于 30 ml 不含 BSA 的缓冲液 A 中，再离心。绿色沉淀的底部可见白点，那是淀粉，应尽量避免重悬起淀粉。根据淀粉的含量，可以重复这一冲洗步骤 4~6 次。

8. 在冲洗的同时，可以制备蔗糖梯度液。分级梯度液底层为 3.5 ml 60% 的蔗糖溶液，中间为 3.5 ml 40% 的蔗糖溶液，顶层为 3.0 ml 20% 的蔗糖溶液，不同梯度层要轻轻混匀，得到扩散中间相。可以用一个长的巴氏吸管小心地在层间上下搅动几次（巴氏吸管的末端开口应封上）。

9. 小心将沉淀物重悬于总体积 2~6 ml 的缓冲液 A 中，将悬液分别加入有分级梯度液的 2~6 个小管中。梯度平衡后置于水平转头上 26 000r/min 4℃ 离心 1 h。

10. 将位于 45%~20% 蔗糖溶液中间层的叶绿体带用宽口移液管转至 50 ml 的离心管中。

11. 缓慢加入 3 倍体积的缓冲液 A（防止叶绿体破裂）。开始时逐滴加入并轻轻搅匀（全部加完约要 10~15 min）。5 000r/min 离心 5 min，收集叶绿体。

12. 小心将沉淀重悬于 3 ml 缓冲液 A 中，加入 1/5 体积的缓冲液 B（用前加入蛋白酶 K），并于 50℃ 保温 15 min，使叶绿体裂解。

13. 在室温下抽提叶绿体 DNA 2 次。加入 1 倍体积的酚（以 TE 饱和），颠倒小管数次混匀。室温下 5 000r/min 离心 10 min，使两相分离。收集上层溶液，再用 1 倍体积的酚-氯仿（1:1，V/V）抽提一次。

14. 将 DNA 溶液（水相）转至一个 30 ml 的离心管中，加入 1/10 体积 3 mol/L 乙酸钠和 2.5 倍体积的 99% 乙醇，-20℃ 沉淀 DNA 过夜。

15. 在 4℃下，10 000 r/min 离心 15 min，收集 DNA。

16. 弃上清液，真空抽干沉淀（不要过度抽干沉淀）。

17. 将 DNA 溶于 400 μl TE 缓冲液，这可能需要几个小时，将小管放于冰上操作。

18. 把 DNA 转至一 Eppendorf 管中，加入 1/10 体积的 3 mol/L 乙酸钠和 2 体积的 99% 乙醇，-20 沉淀 DNA 过夜。

19. 在微型离心机上，4℃，13 000r/min 离心 15 min，收集 DNA。

20. 弃上清液，用 20% 乙醇清洗沉淀，再离心，重复清洗步骤。离心，真空抽干沉淀。

21. 将沉淀溶于 50~150μl TE 缓冲液中，在 -20℃ 或 4℃ 保存。DNA 产量一般可达 10~100 μg。

六、实验结果

DNA 经乙醇沉淀、清洗、离心后会在离心管底部形成絮状沉淀。也可用琼脂糖凝胶电泳、紫外分光光度法对经 TE 溶解的 DNA 质量进行检测。

七、注意事项

1. 加入每管蔗糖梯度液的叶绿体量会影响 DNA 的纯度，一般来说，25 ml 蔗糖梯度液中加入 10~20 g 新鲜叶片中所得到的叶绿体。本实验中所用的梯度液为 10 ml，为避免使本程序中使用的量小一些的梯度液过载，可以将叶绿体分装在 2~6 个管中，梯度液的总体积应根据不同植物材料摸索而定。

2. 人们通常用 CsCl 梯度溶液进一步纯化叶绿体 DNA，而且 CsCl 纯化的叶绿体 DNA 可以用于克隆，但 CsCl 梯度离心耗时更多。本实验程序也得到高纯度的叶绿体 DNA，可以检验其纯度能否用于克隆。

实验44 真核生物基因组 DNA 的限制性内切酶反应

实验44至实验47为一系列实验组成的综合实验，其目的是通过 DNA 限制性内切酶反应、Southern 印迹、杂交等过程分析真核生物基因组的限制性内切酶切片段多态性。对于质粒、cpDNA、mtDNA 这样相对分子质量较低的 DNA 分子，限制性内切酶反应之后所产生的 DNA 片段较少，可以直接通过琼脂糖凝胶电泳来分析酶切片段，而真核生物的基因组很大，酶切之后产生非常多的 DNA 片段，这些片段的长度基本呈连续变化，不能通过琼脂糖凝胶电泳使它们分开，必须经过 Southern 印迹、特异探针杂交等过程来检测某些 DNA 片段的存在情况。

DNA 限制性内切酶反应的原理与实验35一致。限制性片段长度多态性（RFLP）分析在遗传学研究和动植物改良中有着广泛的应用，过去几年中，人们利用 RFLP 标记对多种动植物的基因组进行了深入的作图研究，这些标记饱和图谱可用于查找有农业应用价值的基因，分析控制数量性状、质量性状的基因，并可揭示物种间或基因组间的遗传关系。

本实验为 RFLP 分析的基本步骤。

一、实验目的

1. 了解 RFLP 分析的基本原理和程序。
2. 学习 DNA 的限制性内切酶酶切技术。

二、实验材料

动植物基因组总 DNA。为了分析限制性内切酶片段的多态性，一般选用亲缘关系较密切的几种动（植）物基因组总 DNA。

三、仪器设备

恒温水浴锅，微型凝胶电泳槽及电泳仪，凝胶观察及照相设备，微量移液器及吸头，Eppendorf 管。

四、药品试剂

限制性内切酶及相应的缓冲液，灭菌蒸馏水（SDW），40 mmol/L 精胺，TE 缓冲液

（10 mmol/L Tris，1 mmol/L EDTA，pH 8.0），DNA 相对分子质量标准（如 Hind Ⅲ 酶解 λDNA，λHind Ⅲ），甘油上样缓冲液（GLB）（0.1 mol/L EDTA pH 8.0/SDW 配制的 8% 饱和溴酚蓝/50%甘油），0.8%琼脂糖凝胶（体积 50 ml）（用 1×TBE 配制），1×TBE 电泳缓冲液（0.045 mol/L Tris-硼酸，0.001 mol/L EDTA），溴化乙锭 10 mg/ml。

五、实验步骤

1. 建立如下酶切反应体系：总体积 100μl
   10 μg 溶于 TE 缓冲液中的基因组 DNA
   1×限制性内切酶缓冲液
   4 mmol/L 精胺
   50 U 内切酶：BamH Ⅰ、EcoR Ⅰ、Hind Ⅲ 3 种内切酶
   用蒸馏水补至 100 μl。不要振荡混合，以免 DNA 发生剪切。
2. 37℃保温过夜。
3. 65℃加热 10 min 终止酶切反应。
4. 取出相当于 1μg 的消化产物，加入 3 μl GLB 后在 0.8%琼脂糖凝胶上电泳，其中的 1~2 个泳道为 DNA 相对分子质量标准。1V/cm 电压，电泳时间约 18 h。其余消化产物于-20℃保存备用。
5. 溴化乙锭染色后在紫外灯下进行观察。也可以直接把溴化乙锭加入到琼脂糖凝胶溶液中，比例是每 10 ml 凝胶加 0.5μl 溴化乙锭贮藏液（终浓度为 500 ng/ml）。

六、实验结果

如果样品 DNA 酶切完全，即可用于不同样品间的酶切图谱比较分析，或进行下一个实验：琼脂糖凝胶电泳及 Southern 转移。

七、注意事项

1. 酶解不一定要过夜，不过反应时间越长所用的酶量就越少。与用酶解鉴定载体/插入片段相比，酶解基因组 DNA 所用酶浓度要高一些，一般 1 μg 基因组 DNA 需加入 5 U 内切酶。
2. 若电泳条带靠近加样孔的一端比另一端亮得多，表明酶切不完全。这可能是因为：①反应时间不够长（若反应过夜则可排除此项）；②酶量不够或酶部分失活；③如果初始 DNA 样品溶于 TE 缓冲液中且在酶解反应中所占的体积较大时，TE 缓冲液中的 EDTA 可能抑制酶解反应，这时可以用乙醇重新沉淀 DNA，然后溶于少量 TE 缓冲液或 SWD 中。
3. 选用的 DNA 相对分子质量其涵盖的相对分子质量范围要大，如 λHind Ⅲ 可涵盖 500bp 到 23kb 的范围。
4. DNA 样品经消化后在各泳道中条带的亮度应一致，否则表明各样品浓度不一致。DNA 浓度通常难以精确测定，可以通过调节上样体积来调节 DNA 的上样量。

实验45 DNA 的琼脂糖凝胶电泳及向尼龙膜的转移

基因组总 DNA 在实验 44 中经过限制性内切酶酶解，并经微型凝胶电泳检测合格之后，即可将样品上大胶电泳了（原理见实验 41）。为便于上样，一般需通过乙醇沉淀浓缩样品，样品 DNA 可重溶于 TE 缓冲液中。

将 DNA 片段从琼脂糖凝胶转移至硝酸纤维素或尼龙膜上的过程又称为 Southern 印迹。这项技术自 1975 年由 Southern 建立以来几乎没有什么大的改动，惟一的明显改变就是用尼龙膜代替了硝酸纤维素膜，相比之下，尼龙膜更易于处理，更加牢固，DNA 结合效率也更高，尤其是在低离子强度缓冲液中更是如此。此外，还有一个优点，转移至尼龙膜上的 DNA 可通过紫外线处理进行固定，仅需耗时几分钟，而采用 80℃ 烘烤的方法进行固定则需 2 h，Southern 印迹是最基本的技术之一，很多分子生物学技术，如 RFLP 分析、克隆鉴定、品种鉴别等都要用到它。本实验所介绍的用于基因组总 DNA 的 Southern 印迹过程同样适用于质粒、λ 噬菌体、RAPD 产物等的印迹。

一、实验目的

学习并掌握 DNA 的 Southern 印迹技术。

二、实验材料

经限制性内切酶酶解的 DNA 样品。

三、仪器设备

大电泳槽（胶盒体积约 200~250 ml）及电源，凝胶染色托盘，凝胶观察及照相装置，摇床，微量移液器及吸头。

四、药品试剂

DNA 相对分子质量标准（如 λ*Hind* Ⅲ），TE（10 mmol/L Tris/ 1 mmol/L EDTA，pH 8.0），甘油上样缓冲液（GLB），0.8% 琼脂糖凝胶（体积 200 ml）（1× TBE 配制），溴化乙锭贮液（10mg/ml），灭菌蒸馏水，尼龙膜（如 GeneScreen Plus）（NEN，Dupont），

0.25mol/L HCl，变性液（0.6 mol/L NaCl/0.4mol/L NaOH），中和液（1 mol/L NaCl/0.5 mol/L Tris，pH7.2）。

五、实验步骤

1. 上样（DNA加5μlGLB），在样品外侧泳道加上DNA相对分子质量标准（如λHind Ⅲ），25V电泳过夜。

2. 次日上午凝胶用溴化乙锭染色0.5h（用量为100 ml灭菌水中加5 μl溴化乙锭贮液）。于紫外灯下观察，DNA应迁移至凝胶全长的2/3至3/4处。

3. 电泳结束后紧靠相对分子质量标准泳道放一把紫外照相专用标尺。切去凝胶的多余部分（如未用的泳道，加样孔上缘等处），在凝胶左下方切去一角（这有助于在后续操作中辨认凝胶的方向）。切胶时不要在紫外灯上直接操作，否则极易划伤石英玻璃。

4. 凝胶在500 ml 0.25 mol/L HCl浸泡两次，每次15 min，然后用蒸馏水冲洗。

5. 按以下操作进行印迹（见图45-1）。

（1）在一塑料盒上横放一支持物，并将一块滤纸放在支持物上，使滤纸两端垂入盒中。

（2）用变性液浸湿滤纸，再向盒中加入250 ml变性液。

（3）将凝胶放于平台正中，确保胶和滤纸间没有气泡（可用一根玻璃棒擀压），然后用石蜡封口膜封住凝胶四缘。

（4）剪一块与凝胶同样大小的尼龙膜，切去左下角后置于胶上，赶尽气泡。

（5）剪两块与凝胶同样大小的滤纸，用变性液浸湿，放于尼龙膜上面。

（6）在滤纸上放一叠吸水纸，然后压上一块玻璃板和重物，放置过夜。必须保证盒中有足够量的变性液不被吸干，此外吸水纸也要有足够多，保证转移系统连续工作。

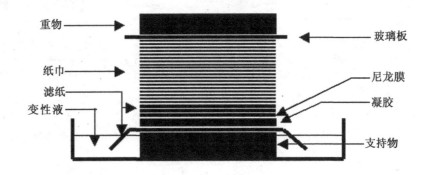

图45-1　DNA从琼脂糖凝胶向尼龙膜的转移

6. 转移过夜。第二天上午，拆除转移装置，小心地取出尼龙膜，置于中和液中浸泡30 min。把凝胶置于溴化乙锭中重新染色观察，检查转移是否完全。

7. 晾干尼龙膜，并将DNA固定在膜上，固定方法可采用80℃烘烤2 h，也可用更常用的方法，用紫外线（254nm）处理数分钟（一般4 min）。处理好的膜可用塑料袋或保鲜膜封好，室温保存备用。Southern 转移的膜制备好以后，就可用于杂交了，用放射性或非同位素标记的探针都行。

六、实验结果

在进行基因组 DNA 的 Southern 印迹时最好是转移过夜，因为 15 kb 左右的大片段需要 15 h 才能转移完全，但如果是转移小片段 DNA，如质粒消化产物，只要定时更换吸水纸，转移过程即可加快至在几小时内完成。转移结束后，凝胶上的 DNA 均转移到尼龙膜上，凝胶在紫外灯下不再产生荧光。

七、注意事项

1. 由于紫外线照射会降低 DNA 互补杂交的能力，因此应尽量缩短凝胶在紫外灯下的暴露时间。

2. 转移时吸水纸上的重物不可太重，因为转移靠的是毛细管作用。重物过重会将胶压扁并且导致杂交条带变宽。

3. 若转移结束后发现凝胶上仍留有一些 DNA 即凝胶中仍有溴化乙锭发出的荧光，这可能是由于：①转移时间不够长；②脱嘌呤处理不完全；③吸水纸用量不够，毛细管作用不足以把 DNA 吸到膜上；④凝胶四周的石蜡封口没有封好，使溶液不经凝胶直接吸入吸水纸中。

实验 46　DNA 探针的非同位素标记

DNA 酶切产物经琼脂糖凝胶电泳后，由于酶切片段长度接近而在凝胶上呈现出连续的谱带，无法分析 DNA 片段的变化情况，因此必须使用特异的标记探针来对转移到尼龙膜上的 DNA 进行杂交检测。在 RFLP 分析研究中，用 ^{32}P 标记探针是一种通用的方法，然而 ^{32}P 保存时间有限，同时需要特殊的防护装置、废液处理装置，因此限制了它的使用，目前在许多实验中已改用非同位素标记替代 ^{32}P，如地高辛-11-dUTP 对植物 DNA 进行分析，并已成功用于对水稻、马铃薯、番茄、烟草、玉米和小麦等的研究。

采用非同位素法检测的优点主要有：

（1）降低了实验操作者的危险，实验废物无需专门处理，从而可以处理大批 RFLP 分析的样品。

（2）可标记多个、大量探针以备日后之需。标记好的探针可置于 −20℃ 保存（至少一年）。

（3）在进行 RFLP 分析时，化学荧光检测系统的探针、CSPD^R 和膜均可重复使用（分别为 3~5 次、3~5 次、5~8 次或更多）。与同位素检测方法相比更为经济。

（4）实验安排更为方便。因为无需像使用 ^{32}P 时那样要受同位素的衰减时间限制。

（5）室温下曝光即可，无需使用增感屏或 −80℃ 冰箱。

（6）曝光时间短（几小时），也就是说一张膜每 3 d 即可重新杂交一次。

进行 Southern 杂交分析时应标记不带载体的插入片段作为探针，常用的标记方法耗时很长，它包括将质粒或 λDNA 经限制性内切酶酶解后分离插入片段，用切口平移法或随机引物标记法进行标记。相比之下，采用 PCR 聚合酶链式反应法标记探针有几个优点，只需极少量的质粒 DNA（50 ng）作模板即可扩增出大量高效标记的插入片段。在 PCR 反应中加入非放射性的替换核苷酸（生物素 dUTP，地高辛-11-dUTP 碱不稳定型），可在数小时内合成大量标记好的探针。

本实验使用地高辛-11-dUTP（碱不稳定型）标记探针，采用抗体复合物（抗地高辛-碱性磷酸酶）标记和化学荧光反应两步检测法。

一、实验目的

1. 了解 DNA 探针标记的原理和方法。
2. 学习用地高辛标记 DNA 探针的技术。

二、实验材料

待标记的 DNA 探针。

三、仪器设备

PCR 仪，电泳槽及电源，微量移液器及相应吸头，1.5 ml Eppendorf 管，5 ml 溶血管，台式微量离心机，37℃恒温摇床，恒温水浴锅，-20℃冰箱，-80℃冰箱，4℃冰箱。

四、药品试剂

1. LB 培养基（1%胰蛋白酶，1%NaCl，0.5%酵母抽提物，pH 7.0），抗生素，1% Triton X-100，灭菌超纯水，50%灭菌甘油，10×PCR 反应缓冲液（0.1mol/L Tris-HCl，pH 8.3；15 mmol/L $MgCl_2$；0.5 mol/L KCl；1 mg/ml 明胶）；
2. psr142 引物：
   20 μmol/L 反向引物：5' ATTCGAGCTCGGTACC 3'
   20 μmol/L 正向引物：5' AGGTCGACTCTAGAGG 3'
3. FBA065 引物：
   20 μmol/L 反向引物：5'AACAGCTATGACCATG3'
   20 μmol/L 正向引物：5'GTAAAACGACGGCCAGT3'
4. 5 mmol/L dATP、dGTP、dCTP 溶液，2 mmol/L dTTP 溶液，0.2 mmol/L 地高辛-11-dUTP（碱不稳定型），5 U/μl Taq 聚合酶。

五、实验步骤

1. 在一加有 1ml LB-抗生素培养基的 5ml 溶血管中接种一单菌落，松松地盖上管帽，37℃剧烈振荡培养过夜。
2. 取 800μl 菌液至一 1.5 ml Eppendorf 管中。台式离心机 12 000r/min 离心 30 s。余下的菌液于 4℃保存或加入 40μl 灭菌甘油混匀于-80℃保存。
3. 弃上清液。用 400μl 1% Triton X-100 剧烈振荡重悬菌体沉淀。
4. 菌体悬浮液煮沸 5 min 后于冰上放置 5 min。细菌裂解液置于 4℃或-20℃保存。
5. 取一微量扩增反应管，加入以下试剂至终体积 50μl：
   25μl 灭菌蒸馏水
   10μl 50%灭菌甘油
   5μl 10×PCR 反应缓冲液
   0.5μl 5 mmol/L dATP
   0.5μl 5 mmol/L dCTP
   0.5μl 5 mmol/L dGTP

1µl 2 mmol/L dTTP
   1µl 0.2 mmol/L 地高辛-11-dUTP 碱不稳定型
   0.625µl 20µmol/L 引物1
   0.625µl 20µmol/L 引物2
   0.25µl 5U/µl Taq 聚合酶
   5µl 细菌裂解液
6. 按以下参数进行 PCR 扩增
   1 个循环：94℃，1 min
   35 个循环：94℃，15s
            48℃，30s
            72℃，3 min
   1 个循环：72℃，7 min
7. 取 3µlPCR 扩增产物进行水平琼脂糖凝胶电泳，用已知浓度的标准 DNA 作对照估算扩增产物的浓度。余下的 PCR 扩增产物置于 4℃ 保存。

六、注意事项

1. 步骤 5 中给出的扩增反应溶液中各组分是具体体积，为便于小体积操作，建议先按比例将各组分（细菌裂解液除外）配成母液（混合液），然后分成单份使用。母液可置于 -20℃ 保存。

2. 反应体系中加入 10% 甘油可提高 PCR 的效率和特异性。

3. 由于地高辛标记的 DNA 其合成效率只有未标记 DNA 合成效率的一半，因此需要相应延长扩增反应各循环的延伸时间。

4. 标记好的探针可直接用于杂交，无需除去地高辛-11-dUTP（除去地高辛-11-dUTP 的目的是为了防止非特异性杂交）。

5. 如果不能直接从细菌裂解液中进行 PCR 地高辛扩增，那么可少量提取质粒 DNA，取 50 ng DNA 做模板。不过人们总能找到一些特定的 RFLP 克隆，它们不能用这种方法扩增，原因不明。碰到这种情况只能采用传统的方法，即大量提取质粒 DNA，酶解回收插入片段，然后用切口平移法或随机引物标记法进行标记。

实验 47　探针与尼龙膜上 DNA 的 Southern 杂交

当基因组 DNA 酶切片段被转移到尼龙膜上，而且探针已制备好之后，就可进行 Southern 杂交了。Southern 杂交所获得的信号强度取决于若干因素，包括转移到膜上的基因组 DNA 的量、膜上固定的 DNA 与探针序列互补的比例、探针的大小及特异活性等。杂交信号的强度与探针的特异活性成正比而与其长度成反比。尽管放射性标记探针在杂交中敏感度更高，可得到更强的杂交信号，但为了避免教学实验室的同位素污染，本实验仍用非放射性探针进行 Southern 杂交，信号检测各步在室温下进行，在实验台上操作即可。

一、实验目的

学习并掌握 Southern 杂交技术。

二、实验材料

已转移基因组 DNA 酶切片段的尼龙膜。

三、仪器设备

−20℃ 冰箱，4℃ 冰箱，20 ml 移液管，微量移液器及相应吸头，平头镊子，剪刀，65℃ 杂交炉，100℃ 水浴锅，X 光片。

四、药品试剂

杂交液 [5×SSC，0.5% SDS，0.1% N-肌氨酸，1% 封闭剂（Boehringer Mannheim），200 μg/ml 变性鲑鱼精子 DNA]，缓冲液 1（100 mmol/L Tris-HCl，pH 7.5，150 mmol/L NaCl），缓冲液 2（缓冲液 1 + 0.5% 封闭剂），缓冲液 2 [含 1∶20 000（V/V）抗-地高辛-AP（Boehringer Mannheim）]，缓冲液 3（100 mmol/L Tris-HCl，pH 9.5，100 mmol/L NaCl，50 mmol/L $MgCl_2$），缓冲液 4 [含 1∶200（V/V）$CSPD^R$（Boehringer Mannheim）]，2×SSC（30 mmol/L 柠檬酸钠，0.3 mol/L NaCl，pH 7.0），洗膜液 [0.1×SSC（1.5 mmol/L 柠檬酸钠，15 mmol/L NaCl，pH 7.0），0.1% SDS]，探针洗脱液（0.2 mol/L NaOH，0.1% SDS），0.1×TE 缓冲液（1 mmol/L Tris-HCl，pH 8.0，0.1 mmol/L

EDTA)。

五、实验步骤

（一）预杂交和杂交

1. 准备好适量的杂交液。
2. 至少用 2×SSC 溶液浸洗 Southern 膜两次。
3. 膜转至一装有每张膜至少 40 ml 杂交液的平底塑料盒中（一次最多可同时杂交 10 张膜）。
4. 65℃保温 5 h，轻微振荡。
5. 向探针中加入至少 500 μl 杂交液，100℃加热 10 min，变性，冰上骤冷。
6. 将膜放入可加热封口的塑料袋中，每个塑料袋放一张膜，加入 40 ml 含有变性探针（20 ng/ml）的新鲜杂交液。赶尽气泡后加热封口。
7. 杂交袋 65℃轻轻振摇杂交过夜。

（二）洗膜

洗膜过程的任何时候都不应使滤膜完全干透。取膜时应使用两把平头镊子。

1. 准备好足量的洗膜液。
2. 剪去杂交袋一角，倒尽杂交液，用过的杂交液可于 4℃ 或 -20℃ 长期保存并可用于该探针的再杂交。沿 3 条边缘剪开杂交袋，取出膜并立即浸入一装有数毫升洗膜液的浅盘中。
3. 将膜转移至另一装有足量洗膜液的浅盘中（1 张膜需 120 ml），室温下轻轻摇动 5 min。
4. 重复步骤 3。
5. 将膜转移至一装有足量洗膜液的平底塑料盒中（1 张膜需 120 ml），65℃保温 15 min。
6. 重复步骤 5 两次。

（三）化学荧光检测

以下各步骤均需在 37℃操作，且轻微振荡。以下程序可用于在同一平底塑料盒中同时处理 1~10 张膜（步骤 1~5）。进行第 6 步操作时每个塑料袋中应只放一张膜。

1. 将膜转移到一个装有缓冲液 1 的平底塑料盒中，缓冲液用量为每张膜至少 100 ml，温育 5 min。
2. 将膜转移到一个新的装有缓冲液 2 的平底塑料盒中，缓冲液用量为每张膜至少 40 ml，温育 1 h。
3. 将膜转移到一个新的平底塑料盒中，盒中装不含地高辛抗体的缓冲液 2，缓冲液用量为每张膜至少 25 ml，温育 30 min。
4. 将膜转至一新的装有新鲜的缓冲液 1 的平底塑料盒中（每张膜至少 100 ml），洗膜

3 次，计 30 min。

5. 将膜转至一新的装有缓冲液 3 的平底塑料盒中（每张膜至少 100 ml），保温 5 min。

6. 将每张膜划入一个可加热封口的塑料袋中，加入 40 ml CSPD^R 的缓冲液 3，放置 5 min，赶尽气泡后加热封口。含 CSPD^R 的缓冲液 3 可于 -20℃ 保存以备再次使用。

7. 用保鲜膜将湿润的膜包好，室温下放置过夜。尽量除去气泡。

8. 在压片夹中用 X 光片，室温下曝光 4~6 h，若杂交信号过强、背景较高或者信号太弱，则相应缩短或延长曝光时间。

9. 在暗室中对 X 光片进行显影、定影，经流水冲洗后晾干，即可进行观察。

六、实验结果

X 光片可反映出探针与基因组 DNA 酶切片段杂交情况，并可对不同材料的基因组 DNA 间限制性内切酶酶切片段的多态性进行比较。

七、注意事项

1. 回收的杂交液重复使用前应煮沸 10 min。

2. 使用尼龙膜时，用 CDPStar^{TM} 做底物，信号检出速度较 CSPD^R 快 10 倍，且数分钟内即可达到最大光发射值。使用 CDPStar^{TM} 时，缓冲液 2 中应含 1:50 000（V/V）抗-地高辛-Ap。缓冲液中应含 1:2 500（V/V）CDPStar^{TM}。

3. 加入底物 CSPD^R 后，信号可在 4 h 后达到峰值，并可稳定至少 24 h。

4. 在用非碱不稳定的地高辛-11-dUTP 进行荧光反应放射自显影分析时要格外慎重。一个问题是在同一张膜重复使用时，可能会重复检出原有探针，这是由化学荧光反应的本质所决定的，即使是最小量的残留探针也可重复检出。因此，杂交后从尼龙膜上洗去探针这一步非常关键，必须仔细操作。如果使用碱不稳定的地高辛-11-dUTP（Boehringer Mannheim），这个问题就可避免了。

实验 48 随机扩增多态性 DNA 分析

遗传学研究的本质问题就是基因组的结构与功能。在目前对大量物种进行全基因组测序还难以实现的情况下，分子标记无疑是研究基因组结构的有效途径。最早检测到的 DNA 水平的变化是限制性片段长度多态性（RFLP）。然而，在过去几年中，聚合酶链式反应（PCR）极大地影响了分子生物学的几乎所有领域，对其基本程序加以改进后，可以开发出多种检测核苷酸水平上差异的方法。可惜的是这些方法大多需要预先知道 DNA 片段序列的一些信息，以设计合成日的序列两侧的引物，通过 PCR 选择性地扩增 DNA。1990 年，两个科研小组各自独立地发表了一种检测核苷酸序列多态性的方法，这种方法以 PCR 为基础，但无需预先了解 DNA 序列的信息。从此随机扩增多态性 DNA（random amplified polymorphic DNA，RAPD）技术和任意引物 PCR（AP-PCR）技术广泛地用于遗传学和其他领域的研究中。

RAPD 标记的产生是基于这样一种可能性，即一段与某单一引物（一般为 10 聚体引物）同源的 DNA 序列，有可能在 DNA 模板另一链上的不同位置上出现，这些位置之间的距离又处于可通过 PCR 进行扩增的长度范围，因此，当条件满足时，单个寡核苷酸引物就可以在 PCR 反应中介导 DNA 呈几何级数扩增。在实际操作中，当新用的引物为 10 聚体寡核苷酸时，每个引物通常可以产生几个（3~10）不连续的 DNA 产物。一般认为这些产物是由不同的遗传位点产生的。多态性的产生是由突变或重排造成的，这些变化可以发生在引物结合位点上，也可以位于引物结合序列之间。RAPD 技术的特点包括：①引物为随机设计引物，不需要知道研究对象 DNA 序列的信息；②用一个引物就可扩增出许多片段，是一种高效的 DNA 多态性检测方法；③技术简便，不涉及 Southern 杂交、放射自显影或其他；④只需少量 DNA 样品；⑤花费相对较低；⑥RAPD 标记一般是显性遗传（极少数是共显性遗传），这样就可对扩增产物记为"有/无"，但这也意味着不能鉴别杂合子和纯合子；⑦最大的问题是重复性、稳定性不太高，这是因为在 PCR 反应中条件的变化会引起一些扩增产物的改变，但如果把条件标准化，还是可以获得重复结果的；⑧由于存在共迁移问题，在不同个体中出现相同分子量的谱带后，并不能保证这些个体拥有同一条同源的片段，因为所有的凝胶只能分开不同大小的片段，而不能分开碱基序列不同但长度相同的片段。

RAPD 分析的基本步骤包括 DNA 分离、PCR 扩增、凝胶电泳、凝胶图像观察与分析。DNA 分离可采用前面实验中所介绍的方法，相对来说，RAPD 分析对 DNA 纯度和数量的要求不是很高，在每个 RAPD 分析中通常使用 10~100 ng DNA，根据不同材料而定；PCR 扩增采用随机引物，具体扩增条件需根据研究对象的不同而有所调整；扩增后一般用 1% 左右的琼脂糖凝胶进行电泳，然后用紫外透射分析仪或凝胶成像系统对电泳结果进行观察分析。

一、实验目的

1. 了解 RAPD 分析的原理及其在遗传学研究中的应用。
2. 学习 RAPD 分析操作技术。

二、实验材料

动植物基因组总 DNA（10~100 ng）。

三、仪器设备

PCR 仪（如 MJ Research；Perkin Elmer），电泳仪，琼脂糖凝胶电泳槽、梳子等，紫外透射仪，微量移液器及吸头，无菌微量离心管（2ml、1.5ml、0.5ml）。

四、药品试剂

寡核苷酸引物（20 μmol/L），灭菌重蒸馏水（ddH_2O），Taq 聚合酶，Taq 聚合酶缓冲液，$MgCl_2$（10 mmol/L），2 mmol/L dNTP 母液（×10 dNTPs），矿物油，10×TBE 缓冲液（0.89 mol/L Tris, pH 8.3, 0.89 mol/L 硼酸，0.1 mol/L EDTA），相对分子质量标记（大小为 200~4 000 bp），凝胶上样缓冲液（40%甘油、0.5%溴酚蓝、0.5%甲基橙），溴化乙锭（10 mg/ml）。

五、实验步骤

1. PCR 反应体积为 25μl，各种成分的初浓度和用量为：

成分	初浓度或含量	加入量
PCR 缓冲液	10×	2.5μl
$MgCl_2$	25 mmol/L	1.5μl
引物	100 ng/μl	1μl
dNTPs	10 mmol/L	0.6μl
Taq 酶	5U/μl	0.2μl
DNA 模板	60ng/μl	1μl
ddH_2O		18.2μl
总体积		25μl

为了操作上的方便，可根据样品数目将除 DNA 模板、ddH_2O 外的其他试剂先进行混合，再分装到 PCR 扩增所用的离心管中。

2. 在 0.2 ml 离心管中依次加入 ddH_2O、反应混合液。
3. 加入样品 DNA。

4. 每管加入一滴矿物油。
5. 盖上小管，于 5 000r/min 离心 5s 混匀。
6. 放到 PCR 仪上，进行 PCR 反应。一般采用 3 步 PCR 程序：
（1）预变性　　　94 ℃　　　　　5 min
（2）45 个循环　　94℃　　　　　1 min
　　　　　　　　 36 ℃　　　　　1 min
　　　　　　　　 72 ℃　　　　　1.5 min
（3）延伸　　　　72℃　　　　　5 min
　　　　　　　　 4℃　　　　　　保存

7. 用 1×TBE 配 1% 琼脂糖凝胶。
8. PCR 结束后，在每个样品中加入 4μl 凝胶上样缓冲液，离心混匀。
9. 每个泳道加 10~20μl 扩增产物。在 1~2 个泳道加 4μl 相对分子质量标记（如 λ HindⅢ/EcoRⅠ、DL 2 000 等）。
10. 电泳（电压 3~5V/cm），直到溴酚蓝接近胶的末端。
11. 将凝胶浸于 1 μg/ml 的溴化乙锭中 30~60 min，染色。
12. 用水清洗凝胶（约 10min）。
13. 在紫外线透射仪上观察、拍照。

六、实验结果

PCR 扩增产物经琼脂糖凝胶电泳、溴化乙锭染色后，在紫外灯下可观察到该引物对所用的 DNA 模板扩增出的带纹，与 DNA 分子质量对比，可确定扩增出的 DNA 片段的大致长度。若是用同一引物对不同 DNA 模板进行扩增，通过带纹的变化来判断这些材料间的遗传变异情况。

七、注意事项

1. 实验中若改变 DNA 的浓度，那么在一个 PCR 反应中所得的每个片段的丰度也会改变。因此，对每一种实验材料都设定起始 DNA 标准量在 10~100 ng 的范围内，有些情况下 DNA 量少于 10 ng 可以得到更清晰的图谱。对某一物种来说，其 DNA 的理想浓度以及采用哪种 DNA 分离程序，应通过实验来确定。

2. 对于不同材料，每一反应体系中 Taq 酶的用量、Mg^{2+} 浓度等也需通过实验来确定。除本扩增程序外，还有许多程序在循环时间与温度上有所不同，它们的效果同样很好。应根据实验材料、仪器设备、药品试剂改变循环程序的时间、温度等条件，确定最适的程序。

3. 在 RAPD 分析中往往会遇到各种问题，如无扩增产物、扩增结果差、条带模糊、带谱不能重复、凝胶染色背景较强、低相对分子质量产物分离不充分等，应仔细分析原因，通过改变实验条件解决这些问题。影响 PCR 扩增的因素包括 PCR 缓冲液、dNTP、Mg^{2+} 浓度、热循环参数、Taq 酶来源、DNA 浓度等。

4. 溴化乙锭为强致癌物质，在实验操作中须加以防护。也可将溴化乙锭加入到凝胶中对 DNA 进行染色，简化染色程序，但这将造成微波炉、电泳槽等设备、器具的污染。

5. 为检测是否有外源 DNA 的污染，应做阴性对照，即在对照 PCR 反应体系中不加入模板 DNA，电泳检测应无条带。

实验 49　植物细胞总 RNA 的分离

细胞中的基因经转录后形成 RNA，高等动植物细胞中总 RNA 的 80%～85%是 rRNA（主要是 18S、28S、5.8S 和 5S 四种），剩余的 15%～20%中大部分由不同的低相对分子量的 RNA 组成（如 tRNA、小核 RNA）。这些高丰度的 RNA 的大小和序列确定，可通过凝胶电泳、密度梯度离心、阴离子交换层析和高压液相层析分离。相反，占 RNA 总量 1%～5%的 mRNA 无论是大小还是序列都是相异的，其长度从几百到几千碱基不等，但是大多数真核 mRNA 的 3′端带有足够长的 poly（A），可使其通过与挂有寡聚 d（T）的纤维素亲和而纯化。

RNA 比 DNA 的化学性质更活跃，易于被污染的 RNA 酶所切割，其原因是核糖残基在 2′和 3′位带有羟基。由于 RNA 酶从裂解的细胞中释放且存在于皮肤上，故要小心防止玻璃器皿、操作平台及浮尘中 RNA 酶的污染。目前尚无使 RNA 酶失活的简易办法。链内二硫键的存在使许多 RNA 酶可抵抗长时间煮沸和温和变性剂，变性的 RNA 酶可迅速重新折叠。和大多数 DNA 酶不同，RNA 酶不需要二价阳离子激活，因此难以被缓冲溶液中加入的 EDTA 或其他金属离子螯合剂失活。防止 RNA 酶最好的办法就是在第一步即避免污染，并用二乙基焦碳酸（DEPC）处理所有的溶液和缓冲液。DEPC 是一种十分有效的不可逆 RNA 酶抑制剂。向每种溶液中加入 20 mmol/L DEPC 混匀，处理至少 1 h 后，120℃高温灭菌 20 min 除去残余的 DEPC。DEPC 不能用来处理含有 Tris 的缓冲液，应用新开封的 Tris 粉末用用 DEPC 处理后灭菌的双蒸水配制。注意：有关 DEPC 的操作应在通风橱中戴手套进行。

现在已经有多种较为成熟的分离总 RNA 的方法。总 RNA 包括线粒体 RNA、叶绿体 RNA、rRNA、tRNA、hnRNA 和 mRNA。提取缓冲液一般都含有诸如 SDS 这样的强去污剂以及异硫氰酸胍、盐酸胍或酚这样的有机变性剂，这些试剂可以抑制 RNA 酶的活性，并有助于除去非核酸成分。目前正在使用的 RNA 提取方法有 CsCl 离心法、盐酸胍法、酸性酚-异硫氰酸胍-氯仿法等，本实验采用后一种方法提取 RNA。异硫氰酸胍是一种很强的蛋白变性剂，使用这种试剂提取，经乙醇沉淀、酚-氯仿抽提之后可有效地灭活 RNA 酶。应用下面介绍的方法已成功地从包括根、茎、叶、花和培养细胞在内的各种器官中提取到了 RNA。用这种方法提取的 RNA 可用于 Northern 杂交、cDNA 合成和体外翻译等实验。

一、实验目的

1. 了解真核细胞中 RNA 的种类及其功能。
2. 学习从植物组织分离总 RNA 的方法。

二、实验材料

植物新鲜叶片。

三、仪器设备

电子天平,离心机,微量移液器及吸头,研钵及研棒,-20℃冰箱,4℃冰箱,涡旋振荡器,Dounce 匀浆器,真空抽干机,pH 计,15 ml、50 ml 离心管,1.5 ml Eppendorf 管。

四、药品试剂

RNA 缓冲液 1 [25 mmol/L Tris-HCl pH8,4 mmol/L 异硫氰酸胍,100 mmol/L β-巯基乙醇(临用前加),DEPC 处理的蒸馏水。用滤纸过滤,室温保存],RNA 缓冲液 2 [50 mmol/L Tris-HCl pH8,10 mmol/L EDTA,100 mmol/L NaCl,0.2%(P/V)SDS。4℃保存],DEPC 处理的蒸馏水(DEPC-SDW),70% 和 100% 乙醇,3 mol/L 乙酸钠,(pH 5.0),1 mol/L $MgCl_2$,8 mol/L LiCl,4 mol/L NaCl,10%(W/V)SDS,乙酸,用 0.1 mol/L Trsi-HCl pH8 饱和的酚(分子生物学纯),氯仿,冰,液氮。

除 RNA 缓冲液 1 外,所有的溶液都应经 DEPC 处理后灭菌。

五、实验步骤

1. 称取 2~10 g 新鲜组织,液氮冷冻。
2. 在研钵中加液氮将材料研磨成细粉。
3. 将粉末转全装有 10 ml RNA 缓冲液 1 的干净研钵中,室温下混合 5 min。
4. 将混合物转移至 50 ml 离心管中 10 000×g 4℃离心 20 min。
5. 取上清液,向其中加入 0.03 体积的 3 mol/L 乙酸钠 pH5 和 0.75 体积的 100% 乙醇。颠倒混匀,-20℃ 沉淀至少 2 h。
6. 4℃ 10 000×g 离心 20 min。弃上清液,加入 10 ml RNA 缓冲液 2。
7. 把沉淀和缓冲液一起转至匀浆器中。匀浆,使混合物尽可能均一,转移至 50 ml 离心管中。
8. 加入 1 倍体积的酚/氯仿(1:1)。涡旋振荡 1 min,20℃ 10 000×g 离心 15 min。
9. 将水相(上层)转移至干净的 50 ml 离心管中,加入等体积氯仿,振荡几秒,20℃ 1 000×g 离心 10 min。
10. 将水相转移至干净的离心管中,加入一两滴乙酸调 pH 5.0。
11. 加入 1/20 体积的 4 mol/L NaCl 和 0.6 体积的异丙醇。颠倒混匀,-20℃ 沉淀 2 h。
12. 4℃ 10 000×g 离心 20 min,弃上清液。
13. 把 Eppendorf 管倒置于滤纸上放 5 min,干燥沉淀用 4 ml DEPC-SDW 重悬沉淀。

14. 加入 5 μl 1 mol/L MgCl$_2$ 和 1ml 8 mol/L LiCl，4℃放置过夜。
15. 4℃ 10 000×g 离心 20 min，弃上清液。
16. 滴干沉淀，根据沉淀的溶解度重悬于 1~5 ml DEPC-SDW 中。
17. 加入 1/10 体积 3 mol/L 乙酸钠和 2.5 体积 100% 乙醇，-20℃放置 2 h。
18. 4℃ 10 000×g 离心 20 min，弃上清液，用 70% 乙醇洗沉淀后真空抽干 10 min。
19. 沉淀重悬于 200μl DEPC-SDW 中，转至一 Eppendorf 管中于 -20℃或 -70℃贮存。

六、实验结果

可以通过测定样品的 OD$_{260}$ 值来测定 RNA 的浓度。OD$_{260}$=1 时，RNA 的浓度为 40μg/ml；OD$_{260}$/OD$_{280}$ 比值处在 1.8~2.0 之间表明 RNA 中的蛋白污染很少。

可以取 1~5μg 样品进行电泳检测 RNA 的质量。电泳用的为含 0.5μg/ml 溴化乙锭的 1.5% 琼脂糖凝胶，在不含 RNA 酶的 1×TAE 中进行。纯净的 RNA 中应没有大分子量的条带（DNA 污染的标志）。在紫外灯下应看到数条对应于 rRNA、tRNA 的条带。从进行光合作用的组织中提取的 RNA 样品中，还应能看到对应于叶绿体 rRNA 的条带。

根据植物组织的不同，RNA 的产率为 0.1~2.0 mg/g 鲜重不等。上述方法可调整用于 0.5~20 g 材料的 RNA 制备。

七、注意事项

1. 当从大量材料中提取 RNA 时，第 13、16 和 19 步中沉淀溶解时可能会有困难，可向 DEPC-SDW 中加入 0.1% SDS，然后用微量移液器吸头捣开沉淀，置于冰上放 20 min。
2. 操作中应避免对 RNA 的频繁冻融，将其保存于 -70℃低温冰箱中。

附录1 果蝇培养基的制备

果蝇成虫和幼虫以成熟发酵的果实上的酵母菌为食,所以在果园和水果摊上均可看到果蝇。在实验室凡能发酵的基质,均能作为果蝇饲料或培养基。下面提供几种培养基配方,供选用。

配方A:

a:糖6.2g,加琼脂0.62g,再加水38ml,煮沸溶解。

b:玉米粉8.25g,加水38ml,加热搅拌均匀后,再加0.7g酵母粉。

配制方法:a和b混合后加热成糊状之后,加0.5ml丙酸,即可分装到培养瓶中。

配方B:

玉米粉15g,红糖7.5g,琼脂2.25g,丙酸0.75ml,酵母汁半勺,水150ml。

配制方法:先用水将琼脂加热溶解,再溶入糖,然后慢慢加入玉米粉,边加边搅拌,以防结块,大约煮15min,成为一种稀糊状。停火,加入丙酸,搅匀。趁热装瓶,冷却后加入酵母汁或少许医用酵母片粉,备用。

在分装培养基前,培养瓶应经过灭菌处理。一般可采用160℃干热灭菌1h,这样既可以防止真菌污染,也可以杀灭以前瓶中可能残留的幼虫或蛹,防止混杂。分装好培养基(一般倒2cm厚即可)待冷却,然后用棉球或吸水纸擦干瓶内壁,在培养基滴上数滴酵母菌液,稍干燥后即可接种。

附录 2　染液的配制

1. 石炭酸品红（又称卡宝品红，Carbolfuchsin）

配方Ⅰ：

原液 A：称取 3g 碱性品红溶于 100ml 70%乙醇中（此液可以无限期保存）。

原液 B：取 10ml 原液 A 加入 90ml 5%的石炭酸（苯酚）水溶液中（2 周内使用）。

染色液：55ml 原液 B 加 6ml 冰醋酸和 6ml 37%的甲醛。

此染液适合于植物细胞原生质体培养中的细胞核和核分裂染色，这是因为此染液中含有较多的甲醛，可以使原生质体硬化而保持其固有的圆球状的完整形态。但也正是因为它含有较多的甲醛，不能使组织软化，所以不太适合于植物组织的染色体压片染色。在此基础上加以改进的配方Ⅱ，则可以普遍地用于一般植物组织的染色体压片的染色了。

配方Ⅱ：

取配方Ⅰ中的染色液 2~10ml 加 90~98ml 45%醋酸和 1.8g 山梨醇。此染液配制后为淡品红色，如果立即使用，染色较淡，放置 2 周后，染色能力显著增强，而且放置时间越久，染色效果越好。此染液在室温下存放，2 年内染色性能保持稳定，无沉淀，也不褪色。

2. Giemsa 原液

Giemsa 粉（有售）	0.5g
甘油	33ml
甲醇	33ml

先将少量甘油加入研钵中，将 Giemsa 粉充分研细，再倒入剩余甘油，并在 56℃温箱中保温 2h，然后再加入甲醇，混匀后，贮存于棕色瓶内。经过数月贮藏的染液比新配制的着色要好。

3. 醋酸洋红

将 100ml 45%醋酸加热煮沸，移去火源，然后缓缓加入 1g 洋红粉末，并不断搅动使其溶解，在此过程中要特别注意防止溅沸。待完全溶解后，重新置火上加热煮沸 1~2min，此时用一细线悬一生锈的小铁钉浸入染色液中，约 1min 后取出。铁为媒染物，染色液中稍含微量铁离子可明显增强洋红的染色能力。配制完毕，在室温下静止约 12h 后过滤到一棕色试剂瓶中，贮存备用。

附录3 菌种名录

枯草芽孢杆菌（*Bacillus subtilis*）BF7658

谷氨酸棒杆菌（*Corynebacterium glutamicum*）T-13：bio^-

大肠杆菌（*Escherichia coli*）*E. coli* C600/pUC18

E. coli CSH60：Hfr sup

E. coli CSH：F⁻ *trp lacZ strA thi*

E. coli CSH14：F *lacZ proA⁺B⁺*/△（*lac pro*）*thi supE*

E. coli CSH40：F *lacY proA⁺B⁺*/△（*lac pro*）*thi*

E. coli CSH13、CSH14、CSH15、CSH16、CSH17、CSH18、CSH19、CSH20

（F′*lacZ proA⁺B⁺*/△（*lac pro*）*supE thi*，在 F′的 *lacZ* 基因内具有不同长度的缺失）

E. coli CSH1、CSH2、CSH3、CSH4、CSH5、CSH6、CSH8、CSH9、CSH10、CSH11、CSH11C

（F⁻ *trp lac Z strA thi*，在染色体 *lacZ* 基因的不同位点上存在无义突变）

E. coli DH5α

E. coli FD1004：F⁻ *leu purE trp his metA ilv arg thi ara lacY xyl mtl galT6ʳ rifʳ strʳ*

E. coli FD1007：*trp lacZ thi strA recA*

E. coli FD1008：*lacY strA thi recA*

E. coli FD1009：Hfr sup T6ʳ

E. coli K12 F₂ *gal⁺*（带有原噬菌体 λ 和缺陷噬菌体 λdg）

E. coli K12 S *gal⁻*

E. coli K12 TG1/pBR327

E. coli K802

鼠伤寒沙门氏菌（*Salmonella typhimurium*）

S. typhimurium TT10251：pmi：：MudA

表型为在以甘露糖为惟一碳源的培养基上不能生长。

S. typhimurium TT12339：zxx1900：：Tn10d-tet

表型为 Tetʳ。Tn10d-tet 是一种 Mini-Tn10，即保留四环素抗性基因而缺失转座基因的 Tn10，自身不能转座。

S. typhimurium TT13976：add2346：：MudJ（表型为 Kanʳ）

酵母菌（*Saccharomyces cerevisiae*）

S. cerevisiae B6-5（*ala⁻ cys⁻*）

S. cerevisiae T3-4（*his⁻ thr⁻*）

附录 4　细菌培养基的配制

1. 营养肉汤培养基（NA 培养基）

牛肉膏	3.0g
蛋白胨	5.0g
NaCl	5.0g
蒸馏水	1000ml
pH	7.0

2. 淀粉培养基

蛋白胨	10.0g
NaCl	5.0g
牛肉膏	5.0g
可溶性淀粉	2.0g
蒸馏水	1 000ml
pH	7.0

3. CB 培养基

蛋白胨	10.0g
牛肉膏	10.0g
NaCl	5.0g
蒸馏水	1 000ml
pH	7.0~7.2

4. LB 培养基

胰蛋白胨	10.0g
酵母膏	5.0g
NaCl	10.0g
蒸馏水	1 000ml
pH	7.0

5. SOB 培养基

胰蛋白胨	20.0g

酵母膏	5.0 g
NaCl	0.5 g
KCl (250 mmol/L)	10 ml
$MgCl_2$ (2 mmol/L)	5 ml
蒸馏水	1 000 ml
pH	7.0

6. SOC 培养基

SOB + 葡萄糖（终浓度 20 mmol/L）

7. YT 培养基

胰蛋白胨	8.0 g
酵母膏	5.0 g
NaCl	5.0 g
蒸馏水	1 000 ml
pH	7.0

8. EMB 培养基

蛋白胨	10.0 g
酵母膏	1.0 g
NaCl	5.0 g
KH_2PO_4	2.0 g
蒸馏水	1 000 ml
pH	7.2

灭菌后加入：

伊红 (4%)	10 ml
美兰 (0.65%)	10 ml
糖 (20%)	50 ml

9. 完全培养基 (CM)

葡萄糖	20 g
酵母膏	10 g
蛋白胨	10 g
蒸馏水	1 000 ml
pH	6.0

10. 基本培养基 (MM)

| K_2HPO_4 | 10.0 g |
| KH_2PO_4 | 4.5 g |

$(NH_4)_2SO_4$	1.0 g
柠檬酸钠·$2H_2O$	0.5 g
pH	7.0

灭菌后加入：

糖（20%）		10 ml
维生素 B_1（硫胺素）（1%）		0.5 ml
$MgSO_4·H_2O$	（20%）	1.0 ml

需要时补加：

氨基酸（10 mg/ml）4 ml，终浓度为 40 μg/ml
碱 基（10 mg/ml）4 ml，终浓度为 40 μg/ml
生物素（10 mg/ml）0.5 ml，终浓度为 5 μg/ml
链霉素（50 mg/ml）4 ml，终浓度为 200 μg/ml
利福平（25 mg/ml）4 ml，终浓度为 100 μg/ml
四环素（5 mg/ml）4 ml，终浓度为 20 μg/ml
卡那霉素（5 mg/ml）4 ml，终浓度为 20 μg/ml
氨苄青霉素（50 mg/ml）0.5~1 ml，终浓度为 25-50 μg/ml

11. NCE 培养基（50×）

KH_2PO_4	197.0 g
$K_2HPO_4·H_2O$	325.1 g
$Na(NH_4)HPO_4·H_2O$	175.0 g
蒸馏水	925 ml
pH	自然

12. NCE-甘露糖培养基

甘露糖浓度为 0.5%，补加四环素终浓度为 10 μg/ml

13. 高渗基本培养基（HMM）

基本培养基 + 甘露醇（终浓度为 0.8 mol/L）

14. 高渗完全培养基（HCM）

完全培养基 + 甘露醇（终浓度为 0.8 mol/L）

附录 5　粗糙脉胞菌培养基的配制

1. 基本培养基

柠檬酸钠（$Na_3C_6H_5O_7 \cdot 2H_2O$）	3.0 g
KH_2PO_4	5.0 g
NH_4NO_3	2.0 g
$MgSO_4 \cdot 7H_2O$	0.2 g
$CaCl_2 \cdot 2H_2O$	0.1 g
微量元素溶液	1.0 ml
生物素溶液（10 μg/ml）	1.0 ml
蔗糖	20.0 g
琼脂	15.0 g
加蒸馏水至 1 000 ml	

2. 杂交培养基

KNO_3	1.0 g
KH_2PO_4	1.0 g
$MgSO_4 \cdot 7H_2O$	0.5 g
NaCl	0.1 g
$CaCl_2 \cdot 2H_2O$	0.1 g
微量元素溶液［见 3］	1.0 ml
生物素溶液（10 μg/ml）	1.0 ml
蔗糖	20.0 g
琼脂	15.0 g
加蒸馏水至 1 000 ml	

3. 微量元素溶液（基本培养基和杂交培养基用）

柠檬酸 · H_2O	500 mg
$ZnSO_4 \cdot 7H_2O$	500 mg
$Fe(NH_4)_2(SO_4)_2 \cdot 6H_2O$	100 mg
$CuSO_4 \cdot 5H_2O$	25 mg
$MnSO_4 \cdot 4H_2O$	5 mg

H_3BO_3	5 mg
$Na_2MoO_4 \cdot 2H_2O$	5 mg
加蒸馏水至 1 000 ml	

4. 补充培养基

在基本培养基上补加一种或多种生长物质，如氨基酸、核酸碱基、维生素等。氨基酸用量一般是 100 ml 基本培养基中加 5~10 mg。

本实验所用补充培养基只要在基本培养基中加适量的赖氨酸，赖氨酸缺陷菌株就能生长。

5. 完全培养基

基本培养基	1 000 ml
酵母膏	5 g
麦芽汁（可省）	5 g
酶解酪素	1 g
维生素混合液（按下述配方配置）	10 ml
硫胺素	10 mg
核黄素	5 mg
吡哆醇	5 mg
泛酸钙	50 mg
对-氨基苯甲酸	5 mg
菸酰胺	5 mg
胆碱	100 mg
肌醇	100 mg
叶酸	1 mg
蒸馏水	1000 ml
蔗糖	20 g

加 2%琼脂，即为固体完全培养基。

6. 马铃薯培养基

将马铃薯洗净去皮，切碎，取 200 g，加水 1 000 ml，煮熟，然后用纱布过滤，弃去残渣，滤下的汁加 2%琼脂，20 g 蔗糖，煮融，分装到试管中。也可将马铃薯切成黄豆大小碎块，每支试管放 4~5 块，再加入融化好的琼脂、蔗糖。

上述培养基分装试管后，55.2 kPa（8 磅）灭菌 30 min，取出摆成斜面，可代替完全培养基使用。

7. 玉米杂交培养基

将玉米浸泡软化，破碎，每管 3~4 粒，加少量琼脂（约 0.1 g），加棉塞消毒即成，不需斜面。

参 考 文 献

1. 王亚馥，戴灼华．遗传学．北京：高等教育出版社，1999
2. 刘祖洞，江绍慧．遗传学实验（第二版）．北京：高等教育出版社，1987
3. 孙勇如．遗传学手册．长沙：湖南科学技术出版社，1989
4. 朱沃．植物染色体和染色体技术．科学出版社，1982
5. 杨于军，周辰．改良质粒快提法及其在酶切检查中的应用．生物化学与生物物理进展，1990，17（4）：326
6. 沈萍．微生物遗传学．武汉：武汉大学出版社，1994
7. 陈竺．医学遗传学．北京：人民卫生出版社，2001
8. 陈海昌，刘波，张岑花．原生质体融合技术构建糖化型啤酒酵母的研究．微生物学通讯，1997，24：159—161
9. 范秀荣，沈萍，李广武．微生物学实验（第三版）．北京：高等教育出版社，1999
10. 姜泊，张亚历，周殿元．分子生物学常用实验方法．北京：人民军医出版社，1996
11. 贾盘兴，蔡金科．微生物遗传学实验技术．北京：科学出版社，1992
12. 盛祖嘉．微生物遗传学．北京：科学出版社，1989
13. 鄢慧民，袁文静．遗传学实验．武汉：武汉大学出版社，1994
14. Adelberg E A. Optimal conditions for mutagenesis by N-methyl-N'-nitro-N-nitrosoguanidian in *Escherichia coli* K12. *Biochem Biophys Res Commun*, 1965, 18: 788
15. Bainbridge B W. *The Genetics of Microbes*. London: Blackwells & Son Limited, 1980
16. Becker J M, Caldwell G A. *Biotechnology, A Laboratory Course*. New York: Academic Press, 1990
17. Birnboim H A. Rapid alkaline extraction method for the isolation of plasmid DNA. *Methods Enzymol*, 1983, 100: 243—255
18. Clark M S. *Plant Molecular Biology: A Laboratory Manual*. （顾红雅，瞿礼嘉主译．植物分子生物学实验手册．高等教育出版社，1998）
19. Cohen S N, Chang A C Y, L Hsu. Nonchromosomal antibiotic resistance in bacteria: Genetic transformation of *Escherichia coli* by F-facfor DNA. *Proc Natl Acard Sci USA*, 1992, 89: 2110
20. Fincham J R S, Day P R, Radford A. *Fungal Genetics*. Berkeley: University of California Press, 1979
21. Griffiths A J F, Miller J H, Suzuki D T, Lewontin R C, Gelbart W M. *An Introduction to Genetic Analysis* (6th ed). New York: W H Freeman and Company, 2000

22. Jones R N, Rickards G K. *Practical Genetics*. Philadelphia: Open University, 1991
23. Lewis R. *Human Genetics: Concepts and Applications* (5th ed). NewYork: McGraw-Hill, 2003
24. Lyon M E. Some milestones in the history of X-chromosome inactivation. *Ann Rev Genet*, 1992, 26: 17-28
25. Mertens T R, Hammersmith R L. *Genetics: Laboratory Investigation*. 12th edition. Prentice Hall, 2001
26. Miller R. *Experiments on Molecular Genetics*. Cold Spring Harbor: Cold Spring Harbor Laboratory Press, 1979
27. Murray N E, Murray K. Manipulation of restriction targets in phage λ to form receptor chromosomes for DNA fragments. *Nature*, 1974, 251: 476
28. Rhoades M M. Meiosis in maize. *J Hered*, 1950, 41: 59-67
29. Sambrook J, Russell D W. *Molecular Cloning* (3rd ed.): *A Laboratory Manual*. (黄培堂等译，分子克隆实验指南，北京：科学出版社，2002)
30. Tamarin R. *Principles of Genetics* (7th ed). New York: McGraw-Hill, 2002
31. Walker C L. The Barr body is a looped X chromosome formed by telomere association. *Proc Natl Acard Sci USA*, 1991, 88: 6191-6195
32. Williams B G, Blattner F R. Bacterial phage lambda vectors for DNA cloning. In: *Genetic Engineering: Principles and Methods* (Setlow J K, Hollaender A ed). New York: Plenum Publishing, 1980

图书在版编目(CIP)数据

遗传学实验教程/王建波等编. —武汉:武汉大学出版社,2004.2(2021.7重印)

ISBN 978-7-307-04116-5

Ⅰ.遗… Ⅱ.王…[等] Ⅲ.遗传学—实验—高等学校—教材 Ⅳ.Q3-3

中国版本图书馆 CIP 数据核字(2003)第 125125 号

责任编辑:黄汉平　　责任校对:刘　欣　　版式设计:支　笛

出版发行:武汉大学出版社　(430072　武昌　珞珈山)
(电子邮箱:cbs22@whu.edu.cn　网址:www.wdp.com.cn)
印刷:武汉邮科印务有限公司
开本:787×1092　1/16　印张:10.75　字数:254 千字
版次:2004 年 2 月第 1 版　　2021 年 7 月第 11 次印刷
ISBN 978-7-307-04116-5/Q·76　　定价:26.00 元

版权所有,不得翻印;凡购买我社的图书,如有质量问题,请与当地图书销售部门联系调换。